BIBLIOTHÈQUE DU *PROGRÈS AGRICOLE ET VITICOLE*

LE VIGNERON MODERNE

ÉTABLISSEMENT ET CULTURE DES

VIGNES NOUVELLES

PAR

E. BENDER
Président honoraire de la Société régionale
de viticulture de Lyon, Officier du
Mérite agricole
etc., etc.

V. VERMOREL
Ancien président du Comice et de la Société
d'horticulture de Villefranche, Chevalier
du Mérite agricole
etc., etc.

*Avec 75 figures dans le texte et deux planches
en chromolithographie*

AUX BUREAUX DU *PROGRÈS AGRICOLE ET VITICOLE*
A MONTPELLIER ET VILLEFRANCHE (RHONE)

MONTPELLIER | PARIS
C. COULET, LIBRAIRE-ÉDITEUR | G. MASSON, LIBRAIRE-ÉDITEUR

1890

LE VIGNERON

MODERNE

Imp. A. WALTENER ET Cⁱᵉ, rue Belle-Cordière, 14. — Lyon.

BIBLIOTHÈQUE DU *PROGRÈS AGRICOLE ET VITICOLE*

LE VIGNERON MODERNE

ÉTABLISSEMENT ET CULTURE DES VIGNES NOUVELLES

PAR

E. BENDER	**V. VERMOREL**
Président honoraire de la Société régionale de viticulture de Lyon, Officier du Mérite agricole etc., etc.	Ancien président du Comice et de la Société d'horticulture de Villefranche, Chevalier du Mérite agricole etc., etc.

Avec 75 figures dans le texte et deux planches en chromolithographie

---

AUX BUREAUX DU *PROGRÈS AGRICOLE ET VITICOLE*
A MONTPELLIER ET VILLEFRANCHE (RHONE)

MONTPELLIER	PARIS
C. COULET, LIBRAIRE-ÉDITEUR	G. MASSON, LIBRAIRE-ÉDITEUR

1890

TABLE ANALYTIQUE

	Pages
Chapitre préliminaire	XI à XIII

PREMIÈRE PARTIE

Mise en culture d'une propriété.

Chapitre I

Considérations générales	1 à 6

Chapitre II

Mise en culture. — Prairies, bétail. — La vache en Beaujolais. — Terres labourables	7 à 13

Chapitre III

Vignes françaises encore existantes. — Ce qu'il faut en faire. — Les anciennes

	Pages
cultures. — Amélioration des fumiers. — Fumiers d'étable. — Des composts ou terreaux. — Engrais chimiques : azotés, potassiques, phosphatés.—Epandage. — Achats, etc..............	14 à 35

Chapitre IV

Défense des vignes que l'on cherche à conserver. — La submersion. — Les sulfocarbonates. — L'œuf d'hiver et les badigeonnages. — Le sulfure de carbone.	36 à 52

Chapitre V

Sulfure de carbone, son emploi. — Pals et charrues sulfureuses. — Dosages, etc.	53 à 61

Chapitre VI

Arrachage des vignes mortes ou mourantes. — Repos du sol. — Mise en état. — Drainages et amendements..............	62 à 69

DEUXIÈME PARTIE

Création d'un Vignoble.

Chapitre I

Mise en état du terrain. — Nivellement et chemins de desserte. — Défoncement. — Tout est-il disposé pour la plantation ?	71 à 76

Chapitre II

Que planter ? — Exigences du phylloxera. — Vignes françaises non résistantes. — Vignes américaines insuffisantes au point de vue de la qualité des produits. — Union des deux variétés par la greffe.   77 à 81

Chapitre III

Encore un mot des vignes françaises. — Plantations dans les sables. — Les semis. — Les hybrides..............   82 à 86

Chapitre IV

La culture des vignes américaines s'impose donc. — Pourquoi ? — Influence du sol et du climat : Adaptation. — Classification des variétés intéressant notre région. — Producteurs directs et Porte-greffes. Avantages et inconvénients....   87 à 98

Chapitre V

Producteurs directs. — Variétés les plus connues que l'on peut essayer dans la région. — Variétés plus nouvelles. — Un mot de celles de l'avenir........   99 à 135

Chapitre VI

Porte-greffes. — Variétés anciennes les meilleures dans le centre. — Variétés

IV

	Pages
moins connues que l'on peut essayer. — Un mot des cépages des terrains calcaires : Nouveaux porte-greffes hybrides..................................	136 à 167

Chapitre VII

Greffons européens. — Enumération des principales variétés cultivées dans la région. — Celles qu'on pourrait y introduire. — Choix des greffons. — Soins à leur donner après la taille.........	168 à 182

Chapitre VIII

Tout étant prêt pour le greffage, quel système employer ? — Structure de la greffe. — Greffe sur place et Greffe sur table. — Inconvénients de la première. — Greffe en fente. — Greffe dite de Cadillac. — Greffe anglaise. — Autres greffes. — Ligature. — Ne peut-on se procurer les greffes toutes faites ?.....	183 à 203

Chapitre IX

Organisation d'un atelier de greffage. — Outils à employer. — Soins à donner aux greffes. — Stratification. — Epoque la plus convenable pour greffer.........	204 à 209

Chapitre X

Pages

l'épinière de greffes. — Plantation. — Buttage. — Arrosage. — Sevrage des greffons. — Arrachage et triage des greffes..... 210 à 220

TROISIÈME PARTIE

Plantation et Culture.

Chapitre I

Plantation à demeure, époque préférable. — Distance à observer pour les vignes greffées et non greffées................ 221 à 227

Chapitre II

Vigne à sa première feuille. — Taille. — Sevrage des greffons. — Buttages d'automne. — La Gelée, ses effets........ 228 à 231

Chapitre III

Vigne à sa deuxième feuille. — Taille et remplacement des ceps non repris. — Binages ou façons. — Echalassement. — Premiers raisins cueillis. — Encore le sevrage. — Fumure et Buttage........ 232 à 239

Chapitre IV

Vigne à sa troisième feuille. — Taille. — Repiquage ou rebrochage. — Binages ou façons. — Ebourgeonnage. — Echalas et liens sulfatés. — Pinçage et rognage. — Premières vendanges. — Travaux de l'arrière-saison. — Binages ou râtissages. — Dernier sevrage des greffons. — Buttage et terrage.................. 240 à 248

Chapitre V

Vignes en production régulière. — De la taille. — Serpette ou sécateur. — Vignes basses. — Vignes hautes, treilles et cordons — Chaintres. — Exigences du sol et du climat au point de vue de la culture................................... 249 à 269

Chapitre VI

Des différentes manières de multiplier la vigne. — Semis. — Hybridations. — Marcottage ou Provignage. — Bouturage. — Un mot de la bouture à un œil. — Plants racinés. — Greffage... 270 à 285

Chapitre VII

Binages et labours. — Cultures à la main. — Cultures à la charrue. — Avantages et inconvénients. — Culture mixte. — Différentes espèces de charrues.... 286 à 302

QUATRIÈME PARTIE

Le Vin.

Chapitre I

Véraison. — Maturité. — Pèse-moût ou Gleucomètre. — Vendanges. — Ecrasement ou foulage préalable. — Transport de la récolte...................... 303 à 312

Chapitre II

Le Cellier ou Cuvage. — Cuves. — Fermentation. — Amélioration de la Vendange : Sucrage. — Vin de sucre..... 313 à 329

Chapitre III

Pressurages. — Pressoirs. — Vin de tire et vin de broute. — Marc et ses emplois. — Eaux-de-vie. — Un mot de la Distillation. — Piquettes. — Utilisation des résidus................... 330 à 345

Chapitre IV

La Cave. — Enfûtage. — Ouillages. — Soutirages. — Collage et soins divers. — Mise en bouteilles................ 346 à 354

Chapitre V

Maladies des Vins. — Remèdes. — Chauffage des vins...................... 355 à 364

CINQUIÈME PARTIE

Maladies de la Vigne.

Chapitre I

Pages

Gelées. — Grêle (Un mot des Compagnies d'Assurances). — Coulure et Millerandange. — Chlorose. — Folletage. — Rougeot. — Pourriture. — Vents violents.................................. 365 à 384

Chapitre II

Parasites végétaux : Le Mildiou. — Les différents Rots...................... 385 à 398

Chapitre III

Suite des Parasites végétaux : Oïdium. — Anthracnose. — Mélanose. — Pourridié. — Roncier........................ 399 à 411

Chapitre IV

Parasites animaux : Charançon et Attelabe. — Altise. — Cochenille. — Erinose. — Limaçon. — Noctuelle. — Ver blanc. — Gribouri ou Ecrivain. — Pyrale et Cochylis. — Phylloxéra....... 412 à 436

Conclusions............................. 437
Table des matières..................... 441

L'apparition du Vigneron moderne *a été annoncée bien des fois par la librairie du Progrès agricole. L'approche du Congrès international qui réunissait à Paris, pendant la merveilleuse Exposition, les savants du monde viticole, a retardé l'exécution des promesses de notre éditeur.*

Nous désirions fournir à ceux que la question intéresse la primeur des derniers enseignements de nos viticulteurs les plus illustres. Les grandes assises agricoles de 1889 n'ont pas modifié les conclusions des Congrès précédents. Ceci est bien fait, à notre avis, pour rassurer ceux qui hésitent encore, et pour encourager ceux qui osent.

Janvier 1890.

CHAPITRE PRÉLIMINAIRE

L'agriculture, la viticulture surtout traversent une crise terrible, chacun le sait, et nous voudrions bien débuter autrement que par de semblables lieux communs. Est-ce donc pour proposer un remède à cette situation que nous prenons la plume? Non, le but que nous nous proposons est tout différent:

Nous supposons un homme tout-à-fait étranger à l'agriculture qui se trouve subitement possesseur d'une exploitation viticole.

C'est pour cet ignorant, ce voyageur

sans boussole, que nous écrivons ce *Guide*. De science, nous en ferons le moins possible, et pour cause. Le lecteur, que nous espérons, s'apercevra bien vite que nous ne pouvons donner que des conseils pratiques.

Sans doute les livres spéciaux ne manquent pas. Recourir à eux sera la première pensée de celui qui voudra s'instruire.

Mais ces livres sont souvent bien savants : L'un s'adresse à ceux qui ont des connaissances de botanique, de chimie agricole, de mécanique, que savons-nous ?

Cet autre est un traité complet d'Agriculture, il s'occupe des prairies, des blés, des forêts, voire peut-être de la vigne, de tout enfin ! Malgré l'ardeur du néophyte, ne reculera-t-il pas devant l'énorme travail d'élimination nécessaire ?

Et quand il aura terminé, tout lu, que fera-t-il ce brave apprenti vigneron s'il s'aperçoit que ce qui lui a coûté tant de peine à apprendre est vrai pour le Midi, pour le Nord, pour l'Ouest, mais ne s'applique pas du tout à la région du Centre ou de l'Est que nous habitons?

C'est cette lacune, si elle existe, que nous voulons essayer de combler, en partie du moins. Nous répétons que nous n'avons en vue que le côté pratique de la question.

Un homme cherche comment il doit diriger la culture d'une exploitation viticole qu'il vient d'acquérir. Il a entendu parler de la vigne, cela va sans dire, mais aussi du phylloxera, du sulfure, des vignes américaines ; puis du mildew, de la bouillie bordelaise, de l'eau céleste, etc. Par où devra-t-il attaquer la place? Nous allons tâcher de le conduire.

E. B. V. V.

PREMIÈRE PARTIE

CONSIDÉRATIONS GÉNÉRALES. — MISE EN CULTURE DE LA PROPRIÉTÉ. — CONSERVATION DES VIEILLES VIGNES. — CULTURES ET RÉCOLTES INTERMÉDIAIRES.

CHAPITRE I

Considérations générales.

Vous voilà sur vos terres. Le premier conseil que nous vous donnerons, c'est de visiter exactement les lieux, de tout voir et de vous renseigner en toutes manières auprès des meilleurs cultivateurs du pays. Non pas que nous vous engagions à suivre l'ornière commune, la routine, mais soyez convaincu, qu'en agriculture surtout, chaque chose a sa raison d'être. Ce n'est pas sans motif qu'on cultive uniquement la Syrah ou Serine à l'Hermitage, le Pineau en Bourgogne et le Gamay en Beaujolais.

Si votre propriété est petite, si son étendue ne dépasse pas 25 hectares, nous supposons, mettez-vous hardiment à l'œuvre, faites valoir. Courage! Les premiers succès obtenus feront bien vite oublier les ennuis de l'installation et surtout les premiers jours d'une solitude à laquelle on n'est pas habitué. Rassurez-vous, bien que les vers harmonieux de Virgile sonnent encore à notre oreille, nous ne voulons pas célébrer plus longtemps un bonheur qui n'est pas sans mélange. Essayez et vous verrez.

S'il s'agit d'une vaste propriété, la chose est plus difficile. Nous, habitants du Beaujolais, nous ne voyons rien de mieux que la culture de nos vignerons à moitié fruit. Le docteur Guyot l'a constaté avant nous : cette association par égale part du capital et du travail, cette communauté d'intérêts qui permet au travailleur de se dire chaque fois qu'il donne deux coups de pioche : « il y en a un dont je tire tout le profit. » Ce système, disons-nous, nous paraît le meilleur et de beaucoup (1).

(1) On sait que dans le Beaujolais, le propriétaire fournit ordinairement le logement, les prairies ou le

La preuve, c'est la bonne tenue de nos vignobles, c'était surtout la grande aisance dont nos paysans étaient si justement fiers.

Mais toute médaille a son revers : le phylloxera, en nous apportant la ruine, nous a vite montré par où péchait notre organisation. Il faut nourrir ou au moins aider tous ceux qui n'ont pas d'économies en réserve, et comme l'étendue d'un de nos vigneronnages ne dépasse guère 4 ou 5 hectares, on devine ce qu'il y aura de familles à secourir sur une exploitation de quelque étendue.

Au point de vue humanitaire, c'est parfait, mais bien des propriétaires sont obérés, que faire alors ? Renvoyer quelques vieux serviteurs, c'est bien dur ! Prendre un petit fermier, c'est un produit bien maigre !

Il vaut mieux conserver son monde, l'employer comme journalier aux travaux dont nous parlerons plus loin. Ainsi on a fait ici et tout le monde paraît s'en trouver bien.

fourrage nécessaire au bétail, le pressoir et les cuves. Le vigneron, qui cultive entièrement à ses frais, est possesseur du matériel agricole et le plus souvent du bétail. L'engrais, les échalas et quelques autres dépenses variables sont payés par moitié. Tous les produits se partagent dans la même proportion.

Un autre inconvénient : c'est que le colon partiaire finit par considérer le sol qui lui est confié, comme son propre bien. Il se croit vite maître absolu et fait peu de cas des conseils que lui donne le propriétaire. Malgré cela, malgré tout, le métayage, ainsi compris, nous paraît devoir être généralisé autant que possible.

C'est la société de secours mutuels sans humiliation pour le plus pauvre, c'est la caisse de secours aux travailleurs telle que nous la comprenons.

Enfin si nous nous occupons d'une exploitation très importante, il faudra recourir à un gérant ou régisseur

Nous abordons là une bien grosse question. Disons-en un mot cependant, car ce n'est qu'en multipliant les visites, les avis éclairés, qu'on peut espérer faire sortir le paysan de sa routine, et, nous le disons franchement au bourgeois frais échappé de la ville, ses habits sont de drap trop fin, son langage trop érudit pour que, dans les premiers temps surtout, le travailleur de terre ait la moindre confiance en ses lumières agricoles.

A qui la faute, du reste ? Ne serait-ce point à ceux qui ont voulu donner des leçons sans rien savoir, qui notamment ont voulu fumer leurs vignes à l'aide d'engrais trop azotés, bons sur des blés ou des pâturages ?

J'ajoute qu'on ne s'improvise pas agriculteur en un jour; un vieux malin de mon voisinage prétend qu'il faut plus de temps pour devenir vigneron passable que bon ministre.

Donc si vous possédez un domaine important, choisissez un régisseur intelligent, cela va sans dire, honnête, ils le sont tous... espérons-le; bien portant, possédant en un mot toutes les qualités requises. Qu'il soit, autant que possible, du pays où on l'emploie, de famille considérée, et s'il connaît le patois de l'endroit, que sa femme le sache aussi (je ne dirai pas pourquoi je le veux marié), tout sera pour le mieux.

Un conseil pour finir: Faites à ce gérant un sort enviable. Vous aurez à lui demander tout son travail, toute son intelligence, rappelez-vous que sa situation doit être bonne à tous les points de vue. Intéressez-le surtout directement aux bénéfices de l'exploitation. Nous le conseillions tout à l'heure pour le vigneron, que dirons-nous donc quand il s'agit de celui qui doit commander?

Bien que notre recette employée exactement doive vous procurer la perle des régisseurs, nous sommes heureux de constater en passant que nous en connaissons plusieurs de cette catégorie dans notre région, surveillez quand même. N'oubliez pas ce que vaut l'œil du maître. Il faut que le possesseur de cet œil soit toujours le premier levé, le dernier couché ! Dans votre intérêt, n'intervertissez pas l'ordre des mots de cette dernière phrase.

CHAPITRE II

Mise en culture. — Prairies, Bétail. — La vache en Beaujolais. — Terres labourables.

La revue générale est passée, nous connaissons la place de chaque chose ; par où débuter ?

Quelle que soit l'étendue du domaine, il comprend évidemment des prés, des terres arables et des vignes. Ne parlons pas des bois, notre incompétence est ici trop certaine, puis nous avons un but précis dont nous ne voulons pas nous écarter : la viticulture. C'est dit et, si vous le voulez bien, dit une fois pour toutes.

Pourquoi parler alors des prairies et des terres labourables ?

La raison en est simple : pour nous, il n'y a pas de bonne vigne sans engrais, il n'y a pas de meilleur engrais que celui d'étable et le meilleur est celui recueilli dans son étable ! Demandez-le plutôt aux savants, qui connaissent bien la valeur des engrais chimiques, mais ne les conseillent surtout que comme fumures complémentaires, donnant le premier pas au fumier de ferme.

Or, pour faire de l'engrais, le bétail est indispensable et pour nourrir ce bétail il faut des prairies naturelles ou artificielles.

D'un autre côté, la visite minutieuse, à laquelle nous avons consacré le chapitre précédent, nous a prouvé certainement que le phylloxera ne nous a point oubliés, pas plus hélas! qu'il n'a épargné les autres vignobles d'Europe, nous pourrions dire du Monde, n'en déplaise aux colonisateurs enragés de l'Algérie et de la Tunisie.

Que faire de ces espaces dénudés, sinon tâcher d'en tirer le meilleur parti possible ? Nous ne ferons pas l'injure, en plein XIXe siècle, aux cultivateurs de notre riche région, de supposer un instant qu'ils puissent songer à laisser des terrains en friche. Il faut que la charrue, la pioche ou la bêche passent partout, et le plus souvent possible. Guerre au chiendent, au chardon, au tussilage, au genêt, à la ronce et à toute leur engeance maudite! Cultivons par amour-propre d'abord, par souci de nos intérêts ensuite!

Tâchons seulement de rendre au sol, à mesure que nous lui demanderons. Soignons l'alimentation de notre mère nourrice, elle nous le restituera au centuple.

Donc, parlons des prairies, des cultures destinées à utiliser les terrains que le phylloxera a rendus veufs de leurs ceps, et aussi, hâtons-nous de le dire, pour ne pas tout à fait noircir notre tableau, du peu de vignes qui doit subsister encore chez celui dont nous dirigeons les débuts. C'est bien le diable s'il ne lui reste pas quelques milliers de ceps plus ou moins prospères !

Tels sont les trois points que nous allons examiner aussi pratiquement que possible.

Nous ne dirons rien du jardin, voire du parc, des bâtiments d'habitation et d'exploitation, cela nous entraînerait trop loin. Et puis, partisans de la liberté la plus absolue, nous comprenons que chacun arrange son chez soi comme il l'entend.

PRAIRIES. — BÉTAIL.

Malgré nous, et quand même nous voudrions surtout éviter de donner en exemple les cultures de la région que nous habitons, nous sommes obligés de dire ici que le système employé dans le Haut-Beaujolais nous semble le meilleur.

Chaque vigneronnage de 4 ou 5 hectares en comprend un, au moins, en prés ; on utilise pour cela le fond des petites vallées si communes dans un pays de coteaux. Ces prés, bien soignés, suffisent à nourrir deux, trois, ou même quatre vaches, grâce à l'appoint des trèfles, maïs, betteraves, pesettes et autres fourrages artificiels récoltés dans les terrains dépouillés de leurs ceps. En cas d'insuffisance quand même, la bourse du propriétaire et celle du vigneron s'unissent pour garnir convenablement le râtelier. La paille de la litière, que l'on répand abondamment, sans lésiner, est achetée dans les mêmes conditions.

Ici, il ne nous est pas possible d'hésiter à louer, comme elles le méritent, ces vaillantes bêtes qu'on représente si injustement comme l'emblême de la paresse.

La vache est notre unique bête de trait, son lait et ses dérivés suffisent à nourrir chaque famille qui la possède, et on peut demander à tous les préfets du département du Rhône, venus à Belleville, par exemple, présider aux opérations de la révision, si nos conscrits sont bien nourris. On prétend qu'ils ne boivent pas que du lait, nous aimons à le croire, mais ils en consomment beaucoup, quoiqu'on en puisse penser.

Oui, ces vaches vigoureuses, généralement de race charolaise ou semi-charolaise, d'humeur docile, de forte taille, leur poids varie entre 6 à 700 kilos ou même plus, rendent ici des services inappréciables.

Leur produit annuel, qu'on évalue pour chaque tête à 2 ou 300 francs dans les étables bien tenues, produit du vêlage et du laitage s'entend, suffit ou à peu près à la nourriture d'une famille. On s'en aperçoit bien depuis que la récolte des vins nous fait presque défaut.

Et encore, si nos vignerons ne s'obstinaient pas à conserver des animaux jusqu'à l'âge de dix-sept ou dix-huit ans et même davantage. Le paysan est économe, il a payé une génisse 4 ou 500 francs et ne peut se décider à la vendre le tiers de cette somme lorsqu'elle est hors d'âge. Et puis il faut compter avec l'affection de la femme et des enfants pour leur vieille nourrice.

N'agissez pas ainsi, renouvelez et ne conservez que des animaux jeunes et vigoureux.

Que le bœuf, le cheval, le mulet et même

l'âne soient plus forts et concourent aussi bien à la production de l'engrais, nous ne le contestons pas, mais qu'il nous rendent les mêmes services que la vache, nous le nions. Du reste, c'est elle qui fait tous nos charrois, laboure toutes nos terres, et qui, depuis quelques années, attelée seule, laboure parfaitement nos vignes.

En résumé nous ne saurions trop insister sur l'importance des pâturages bien tenus. Il faut de bon bétail, bien nourri, pour produire le plus possible d'engrais. Nous verrons plus loin ce que la vigne en demande.

TERRES LABOURABLES

C'est ici que nous serons bref. Chaque pays, chaque sol, demande des cultures différentes. Nous voyons encore notre ahurissement lorsque trois semaines après avoir fait un semis bien réussi de sainfoin ou esparcette dans un terrain granitique, nous avons constaté un beau matin la disparition absolue des jeunes plantes. Ah! si notre sol avait été calcaire!

Ici vous pourrez cultiver les céréales qui, indépendamment du grain, vous donneront la paille si utile. Ailleurs vous sèmerez du trèfle, vous ferez une luzernière et, vu le rendement, nous souhaitons que votre terrain lui soit propice. Ailleurs vous pourrez songer aux plantes fourragères, à la pomme de terre, base de la nourriture non seulement des hommes, mais encore des animaux, surtout du porc que vous ferez bien d'admettre dans votre basse-cour, ne serait-ce que pour utiliser les déchets de laitage qui n'ont guère d'autre emploi.

En résumé usez le mieux que vous pourrez de ces terres, jadis en vigne. Cultivez, plantez ou semez, surtout les espèces que l'on cultive, que l'on plante et que l'on sème dans le pays ; essayez-en de nouvelles, cela va sans dire, mais procédez par petites étendues. Ayez recours le moins possible aux végétaux épuisants, tels que les racines fourragères. Si vous les utilisez, fumez énergiquement et tâchez, avec l'aide d'agriculteurs instruits, de rendre à la terre, par des fumures appropriées, tout ce que vous lui empruntez.

N'oublions pas du reste que c'est ici le cas de traiter ces récoltes de dérobées. Nous faisions du vin, nous voulons en faire le plus vite et le plus possible, ne nous égarons donc pas et abordons notre véritable sujet.

CHAPITRE III

Vignes françaises encore existantes. — Ce qu'il faut en faire. — Les anciennes cultures. — Amélioration des fumiers. — Fumiers d'étable. — Des composts ou terreaux. — Engrais chimiques : azotés, potassiques, phosphatés. — Epandage. — Achats, etc.

Il est bien entendu que vous possédez encore quelques parcelles de vignes françaises plus ou moins anciennes, le phylloxera les a respectées, ou à peu près. Qu'en ferez-vous ?

Conservez le plus longtemps que vous pourrez celles qui sont encore dans un état acceptable.

Quant à celles qui ne sont plus que l'ombre d'elles-mêmes, qui n'ont presque plus de bois et encore moins de fruits, nous verrons à nous en occuper bientôt dans notre chapitre VI.

Nous ne vous conseillerons pas de changer complètement le système de culture auquel sont soumis ces pauvres ceps, vieux pour la plupart, cela dans l'espoir de prolonger leur vie. Qui nous dit que les végétaux n'ont pas leurs habitudes comme les animaux ! Et nous savons combien il est dangereux de modifier la façon de vivre des personnes âgées.

N'imposez donc pas de tailles nouvelles à ces invalides que vous hébergez ; c'est trop tard, alors même qu'on célèbrerait devant vous le mérite de ces découvertes abracadabrantes qui devaient, doivent et devront surtout décupler la vigueur de la vigne et anéantir en même temps le phylloxera. Comment ?... Il est vrai que ce coup de sécateur réellement miraculeux est accompagné, comme dans la chanson :

> . . . . d'un tout petit loch
> qu'on sait composer *ad hoc*

Nous nous en tiendrons là, si vous le voulez bien : c'est assez sur ce sujet.

Il ne faut pas non plus troubler les vieilles racines par la visite qu'elles n'attendaient pas du soc de la charrue. Réservez son emploi pour les rangées de nouvelles plantations dont nous nous occuperons plus tard. Ordinairement, du reste, l'espacement des plantations ne permettrait pas de le faire. Enfin ne vous efforcez pas de donner aux sarments durcis par l'âge une direction dont ils n'ont pas l'habitude ; il ne faut pas oublier que les plaies faites à une vieille souche de vigne, ne se cicatrisent jamais.

Pas de bouleversement radical dans le régime de ces pauvres malades, traitez-les avec douceur. N'allez pas surtout imiter ces vignerons maladroits qui, lorsqu'ils voient leurs vignes faiblir, les surchargent de bourgeons à fruits, voulant, disent-ils, se rattraper un peu par une dernière récolte. Ils oublient, les malheureux, que ce n'est pas lorsqu'un homme est agonisant qu'on songe à lui demander de transporter un fardeau devant lequel il eût reculé lorsqu'il était plein de vigueur. Taillez court, au contraire, améliorez l'hygiène et l'alimention, prononcez fumure, de votre vignoble.

Cela nous conduit tout naturellement à parler des engrais qui sont, personne ne l'ignore, de deux espèces bien différentes :

FUMIER D'ÉTABLE

Il y a d'abord le fumier d'étable qui mérite.... Nous voyons, d'ici, plus d'un de nos lecteurs s'interrompre, se boucher le nez et maugréer contre ceux qui s'avisent de parler fumier, comme si tout le monde ne savait pas préparer les engrais de ferme. — C'est possible, mais il n'y paraît guère. A voir nos rues de village, il semble au moins que tous les agriculteurs agissent comme s'ils ignoraient cette fabrication. Un petit mot sur cette question nous paraît donc de circonstance.

Voyons d'abord de quoi est composé le fumier. Point n'est besoin d'être grand clerc pour répondre : C'est un mélange de litière, produit végétal, avec des excréments. Si nous remarquons que ces derniers ne sont eux-mêmes que des végétaux transformés par les animaux domestiques, nous conclurons, sans peine, que le fumier de ferme ne peut contenir d'autres éléments chimiques que ceux existant dans la litière et dans les aliments des animaux. C'est un engrais complet.

Dans 100 kilos de bon fumier de ferme de composition moyenne, on trouve :

     600 grammes d'azote.
     300   »   d'acide phosphorique.
     450   »   de potasse.
     600   »   de chaux.

Ces 1^k 950 représentent, disons-nous, les

principes fertilisants contenus dans 100 kilos ; les 98^{k}150 restants sont constitués par de l'eau, un peu de matière organique et quelques traces d'éléments minéraux de moindre importance comme engrais.

Encore cette richesse de 2 % de principes utiles se rapporte-t-elle au fumier de ferme bien tenu, bien arrosé avec le purin ; pour peu qu'il soit abandonné, qu'on laisse perdre le purin, les éléments fertilisants décroissent rapidement et peuvent être réduits de moitié et plus.

La valeur des fumiers varie aussi avec la nourriture des animaux. Bien nourrir le bétail est donc un des moyens d'obtenir de bons engrais de ferme. Une vache bien nourrie donne plus de profit que deux souffrant de la faim. C'est pour cela que nous avons conseillé de faire le plus de fourrage possible. Il va sans dire également que la richesse des divers engrais varie encore avec les animaux qui ont contribué à les former, ainsi le fumier de mouton contient environ trois fois plus de principes fertilisants que celui de vache.

Parlons maintenant un peu de la litière qui, elle aussi, a bien son importance.

Quand on le peut, quand surtout on n'a pas de fosse pour recueillir le purin, il faut, autant que possible, mettre une litière suffisante pour absorber tous les liquides. A défaut des pailles de blé ou d'avoine, les fanes de sarrazin, de pois, fèves, colzas, les bruyères, les genêts, les feuilles d'arbres, rempliront plus ou moins bien le but, et, si ces matières manquent, on peut même les remplacer par de la terre sèche, à condition de la renouveler assez souvent.

On ne saurait apporter trop de soins à recueillir tout ce qui s'écoule de l'étable ; là se trouve en effet la plus grande partie de l'azote du fumier et cet élément est, de beaucoup, le plus précieux de tous. Dans les engrais chimiques le kilo d'azote est vendu trois fois plus cher que le kilo d'acide phosphorique ou de potasse. Il est donc de la plus grande utilité de rendre le sol des étables bien imperméable et d'amener, par des rigoles, toutes les urines dans une fosse à purin.

Le mieux est, quand on peut le faire, à l'automne ou au commencement de l'hiver, de porter directement le fumier de l'étable à la vigne et de l'enfouir aussitôt. C'est le meilleur moyen de lui conserver toutes ses qualités, mais cette pratique n'étant possible qu'à certaines époques, et la production étant constante, il faut, pour attendre le moment propice, conserver le fumier.

Ah! oui, parlons-en de cette conservation! Et pour cela faisons une promenade autour de la ferme. Partout nous voyons circuler une eau sale, infecte et noirâtre qui va rejoindre le ruisseau qui l'entraîne. A-t-on cependant assez célébré les bonnes odeurs de la campagne, voire de l'étable! Il pleut, c'est le meilleur du fumier qui part, il ne restera bientôt plus qu'une matière inerte. Il fait soleil, nous sommes en été, tout se dessèche, fermente, l'ammoniaque s'échappe, au grand préjudice des récoltes. Que de millions on gaspille ainsi!

Quand il serait si facile de disposer son fumier dans un coin de la cour, à l'ombre, si possible, sur une plate-forme en béton ou argile bien battue. La surface étant bombée et le tas bien foulé et entouré d'une rigole, tout le purin sera recueilli et se rendra dans une fosse étanche creusée à côté.

Les figures 1 et 2 représentent deux installations de ce genre établies aussi économiquement que possible et à la portée des plus petites exploitations.

Une fois la plate-forme et les rigoles pré-

Fig. 1.   Fig. 2.

parées, tous les soins à donner aux fumiers se résument à l'arroser tous les jours avec le purin pour le maintenir humide et à bien le tasser pour éviter de laisser s'introduire l'air dans le tas.

La pompe Fauler, du prix de 40 francs, est la plus simple et la meilleure qu'on puisse adopter pour l'arrosage ; à défaut une écoppe (*un jeteux*) suffit. Les pieds feront au besoin le tassement.

Par ces deux pratiques, on arrive à obtenir une fermentation lente et régulière, on empêche la formation du blanc

Fig. 3.
Pompe Fauler.

de champignons, on évite les pertes produites par une fermentation trop rapide, toutes choses qui contribuent à faire l'engrais aussi bon que possible.

Si, pour quelque cause, on ne pouvait donner au fumier tous les soins qu'il nécessite, on se trouverait bien de recouvrir le tas d'une couche de 10 centimètres de terre bien fine. S'il est destiné à la vigne, on peut aussi l'améliorer en ajoutant des sels de potasse, du plâtre, des phosphates fossiles et même un peu de sulfate de fer à l'usage surtout des vignes américaines. L'utilité de ces apports est encore discutée entre savants ; au point de vue pratique, il nous semble qu'il y a plutôt profit que perte à opérer ainsi. Quant au choix des matières à ajouter, cela dépendra de la nature des terrains auxquels on destine les engrais S'agit-il d'un terrain calcaire? ajoutons des sels de potasse et des phosphates fossiles. Si, même, le calcaire est en excès, le sol marneux, un peu de sulfate de fer fera bon effet. S'agit-il du granit ou de ses dérivés, de couches où la potasse abonde? Usons du plâtre et des phosphates fossiles.

Suivant la nature du sol, l'état du fumier n'est pas indifférent. Aux terres calcaires ou légères, conviennent de faibles fumures, souvent répétées avec du fumier moyennement consumé, assez profondément enfoui.

Aux terrains argileux, il faut réserver le fumier frais, pailleux, et l'enfouir à peu de profondeur.

Enfin dans les terres granitiques et acides on se trouvera presque toujours bien de faire précéder la fumure par un apport important, à titre d'amendement, de chaux ou de scories de déphosphoration.

DES COMPOSTS OU TERREAUX

A la campagne, la ménagère modèle est, dit-on, celle qui fait argent de tout. Volontiers aussi dirions-nous, qu'un bon vigneron doit faire engrais de tout. Et, comme il ne dispose que d'un bétail restreint, il lui faut forcément recourir à d'autres moyens. Faire des composts qui ne coûtent rien à la bourse, qui n'exigent qu'un peu de travail, est une excellente opération.

Tout est bon aux composts : curures de mares, cendres, suies, boues de route, plâtras, feuilles mortes, produits végétaux, sciures, résidus de tannerie, de boucheries, cuirs, plumes, corne, foin avarié, marnes, vidanges, eaux de purin, le tout mêlé, brassé et travaillé souvent, constitue un bon engrais dont l'apport n'est point à dédaigner

Qui sait, Madame, si votre jardinier n'y recourra pas pour obtenir ces jolies fleurs dont vos narines roses absorbent si voluptueusement le parfum ?

ENGRAIS CHIMIQUES

Si les engrais de ferme doivent leur valeur à quatre des éléments qu'ils renferment, nombre d'autres matières organiques ou de produits chimiques possèdent aussi un ou plusieurs de de ces éléments. A cause de cela ces matières peuvent être utilisées comme engrais: complet si elles contiennent tous les principes, incomplet si elles n'en possèdent qu'une partie.

ENGRAIS AZOTÉS

Voyons d'abord les produits chimiques azotés.

Au premier rang, pour la vigne, on peut

placer le *nitrate de potasse* qui, à l'état de pureté, contient 13ᵏ847 d'azote et 46ᵏ587, dans 100 kilos d'engrais. Malgré son prix élevé de 45 à 50 francs les 100 kilos rendus dans nos ports de mer, on fera bien de recourir à son emploi toutes les fois qu'on aura besoin d'agir rapidement. On l'épand à la dose de 200 à 500 kilos par hectare, au commencement du printemps. Comme ce sel azoté est également très riche en potasse, il suffit de l'additionner d'acide phosphorique précipité pour avoir un engrais complet des plus puissants sous le moindre volume possible.

Le *nitrate de soude*, plus riche encore en azote, puisqu'il en contient 16ᵏ470 dans 100 kilos d'engrais, demande une adjonction de potasse. Si on l'emploie seul on risque beaucoup de voir la vigne pousser trop vigoureusement (courir au bois). Ce sel s'emploie d'ordinaire à la dose de 200 à 500 kilos; il coûte environ moitié moins que le précédent.

A l'encontre des nitrates de soude ou de potasse qui ont une tendance à descendre dans le sol, le *sulfate d'ammoniaque*, le plus riche, en azote, des produits chimiques employés comme engrais (21ᵏ 210 d'azote par 100 kilos), remonte plutôt à la surface, et, comme tel, convient mieux aux plantes superficielles qu'à la vigne. Son prix est ordinairement plus élevé que celui du nitrate de soude (actuellement 32 francs les 100 kilos). Il s'emploie à l'automne de préférence : 2 à 300 kilos à l'hectare suffisent pour la vigne.

A côté de ces sels, dont l'usage est maintenant assez courant, il ne faut pas négliger l'emploi des matières organiques, toutes les fois qu'on peut se les procurer dans de bonnes conditions.

Parmi les *engrais animaux*, le sang desséché est un agent rapide et puissant ; il dose jusqu'à 16 % d'azote, tandis que le sang à l'état naturel n'en contient que 2 %. 300 à 600 kilos à l'hectare constituent une bonne fumure azotée.

Les chairs musculaires, les débris de poisson agissent aussi rapidement, tandis que la laine, les chiffons, les poils, les plumes, les cuirs, les cornes ont une action lente. Les chrysalides de vers à soie semblent, pour la rapidité, tenir un rôle intermédiaire.

Parmi les *engrais végétaux*, les tourteaux sont au premier rang, avec une richesse de 5 à 6 % d'azote ; ils contiennent aussi un peu d'acide phosphorique. En sol calcaire, à la dose de 600 à 1,000 kilos à l'hectare, leur action est comparable à celle du sulfate d'ammoniaque.

La suie est un engrais peu riche, qu'on paie presque toujours deux ou trois fois plus que sa valeur réelle.

Quant aux sciures de bois, aux lies de vins, ce sont des engrais lents et pauvres dont nous conseillons de ne pas mettre de trop grandes quantités à la fois, car nous avons vu parfois un effet nuisible se manifester avec les hautes doses.

Les marcs de raisins seuls ou mêlés aux tourteaux sont préférables, mais l'enfouissement à la charrue des engrais verts reste toujours un des meilleurs modes d'emploi des engrais végétaux.

ENGRAIS POTASSIQUES

La potasse est l'élément qui convient par excellence à la vigne en production, mais dont, naturellement, il ne faut pas abuser; l'équilibre serait bien vite rompu.

Après le *nitrate de potasse*, dont nous avons déjà parlé à propos des engrais azotés, le *sulfate de potasse* est un des meilleurs sels potassiques dont on puisse user dans le vignoble : 100 kilos contiennent 57^k007 de potasse. Bien que le prix de l'unité potassique soit plus élevé que dans le chlorure, nous en recommandons l'emploi à la dose de 2 à 300 kilos à l'hectare. Les bons effets de la Kaïnit dans beaucoup de sols paraissent dûs à la fois au sulfate de potasse qu'elle contient et aussi à sa dose de magnésie.

Le bon marché de la potasse dans le *chlorure de potassium* le fait employer, de préférence aux trois produits précités, par les fabricants d'engrais, qui visent surtout, depuis le grand développement des syndicats, à livrer bon marché les éléments potasse, azote et acide phosphorique.

Le *sulfo-carbonate de potassium* qui sert aux traitements insecticides est aussi un engrais potassique. Il contient environ le quart de son poids en potasse : Ce qui permet de retrancher cet élément coûteux des engrais appliqués à la suite des traitements par le sulfo-carbonate.

ENGRAIS PHOSPHATÉS

L'acide phosphorique peut s'employer à haute dose sans danger pour les récoltes, seule la bourse en pâtit.

La poudre d'os pure contient de cet élément jusqu'à 28 %, de son poids. Elle renferme en outre 1 à 1,5 % d'azote. Comme l'acide phosphorique de la poudre d'os est assez lentement soluble, sauf dans les terrains acides, nous conseillons de forcer un peu les doses et mieux encore d'employer ce produit à saupoudrer les fumiers.

Le noir animal n'est autre chose qu'os calcinés en vase clos ; il contient environ 30 % d'acide phosphorique. Les cendres d'os obtenues en calcinant les os à l'air libre sont plus riches encore.

Les phosphates fossiles ou *phosphates minéraux* dosent d'ordinaire de 15 à 25 % d'acide phosphorique moins soluble encore que celui de la poudre d'os. Il en faut 600 à 1,000 kilos par hectare.

On a essayé ces derniers temps d'en conseiller l'emploi à haute dose dans les engrais chimiques, en remplacement des *phosphates précipités* et des *superphosphates* qui coûtent beaucoup plus. On obtient ainsi des engrais bon marché, en apparence du moins.

En marchant dans cette voie, en ajoutant aux phosphates fossiles ou aux scories de déphosphoration, de l'azote, du cuir, de la potasse, des feldspaths, ou des lies, on arriverait bien vite à produire des engrais très bon marché, — aussi propres à stupéfier les masses, que médiocres pour fumer les vignes.

Les *superphosphates* s'obtiennent en traitant des os ou des phosphates fossiles par l'acide sulfurique pour rendre l'acide phosphorique qu'ils contiennent plus soluble. Les superphosphates dosent d'ordinaire 10 à 20 % d'acide phosphorique, on les emploie à la dose de 300 à 600 kilos à l'hectare.

Les *phosphates précipités* fournissent l'acide phosphorique à un prix moindre que les superphosphates et, dans les terrains calcaires, ils donnent des résultats aussi bons. Ils dosent de 30 à 45 % d'acide phosphorique; 100 à 200 kilos suffisent pour un hectare.

Les *scories de déphosphoration* ou *phosphates métallurgiques*, engrais nouveaux très vantés doivent être réservés aux terrains granitiques et mieux encore aux sols très argileux. Nous engageons à les appliquer, plutôt à l'automne qu'au printemps, en quantité importante : 1000 à 2000 kilos à l'hectare. On se trouve bien de les laisser quelques semaines sur le sol avant de les recouvrir à l'aide de la herse. Il faut toujours éviter de les mélanger avec des engrais contenant de l'azote organique ou ammoniacal. Le fer des scories a, dans certains sols, une action très favorable aux vignes américaines.

EPANDAGE DES ENGRAIS CHIMIQUES

Bien des systèmes d'épandage sont préconisés pour la vigne, il n'en est pas de meilleur que celui qui consiste à mettre l'engrais dans de petits fossés creusés autour du cep. On enlève un peu de terre autour du cep, en relevant la terre sur la souche, de façon à creuser un sillon circulaire de 10 à 12 centimètres de profondeur. On verse l'engrais dans cette rigole et on le recouvre en ramenant dans le fossé la terre relevée. Un système qui a bien également sa valeur est celui qui consiste à pratiquer à l'aide d'une petite pioche des fossés en miniature obliquement entre chaque souche et en tous sens. L'engrais est recouvert immédiatement.

ACHAT DES ENGRAIS CHIMIQUES (1)

Afin d'éviter la fraude, il est toujours bon

---

(1) Pour plus de détails, voir *Simples Notions sur les engrais chimiques*, Guide pour l'achat et l'emploi

d'acheter les engrais chimiques sur dosages garantis à l'analyse, en fixant le prix de l'unité d'azote, d'acide phosphorique et de potasse, et en indiquant, à cause des différences très notables de coût, *l'origine* de ces trois éléments. Une brochure que nous venons de lire, — prétendu guide pour l'achat des engrais, — nous fait insister sur cette recommandation ; elle attribue une valeur de 2 francs au kilo d'azote nitrique et de 1 fr. 40 aux débris de cuir, alors que la valeur de ces derniers est plus que 5 fois moindre.

Ceci couvre souvent un joli métier et de grandes maisons ne se gênent pas pour livrer des produits organiques sans valeur aux agriculteurs qui croient obtenir à ces prix de l'azote nitrique ou ammoniacal. — Mais venez parler à ces industriels des engrais fabriqués à la ferme avec les matières premières; vous verrez comme on vous recevra. Les petits propriétaires trouveront profit à s'adresser aux syndicats, quand ceux-ci sont régis par des agriculteurs compétents.

par V. Vermorel. — Bibliothèque du *Progrès agricole*. — Voir surtout *les Engrais de la Vigne*, par MM. Michaud et Vermorel, 1890, même librairie.

ANALYSE DU SOL

L'analyse chimique du terrain à fumer est souvent une excellente chose. Si sa nature est partout la même, on pourra ainsi écarter pendant quelques années un élément que l'analyse aurait signalé comme existant déjà en excédant dans le sol. Mais il ne faut pas oublier qu'en faisant ainsi, on épuise cet élément et qu'on vit aux dépens de la fertilité ; qu'il n'est pas plus possible de continuer ainsi, que de tirer indéfiniment de l'argent d'une caisse dans laquelle on ne remettrait jamais rien.

Deux ou trois ans, et même une seule année d'expériences avec divers engrais, sur une parcelle de la pièce de terre même où l'on voudra les appliquer, vaudront mille fois mieux que toutes les analyses du monde. On consulte la plante, et mieux que les chimistes, elle sait dire l'engrais qui lui convient. Sans compter que s'il y a parfois divergence dans les analyses d'un même engrais traité par des opérateurs différents, ce sera bien autre chose s'il s'agit d'analyser une terre.

En résumé, le fumier de ferme a sur les engrais chimiques l'avantage d'apporter au sol l'humus qui lui manque, de modifier la consistance du terrain en rendant plus perméables les sols compacts, et *vice versa* (1). Les engrais chimiques ont pour eux d'être plus facilement transportables, ce qui est à examiner pour les vignes d'un accès difficile pour lesquelles le coût du transport est à considérer. Il faut souvent moins de 1,000 kilos d'engrais chimiques pour correspondre à 50,000 kilos de fumier. Les engrais chimiques ont en général une action plus rapide.

Pour les défoncements, nous sommes toujours d'avis que la fumure avec l'engrais de ferme est préférable.

A vous maintenant de choisir entre les deux systèmes :

Il est certain que si la meilleure des fumures, la plus complète, la plus sûre, est celle faite à l'aide du fumier d'étable, l'emploi judicieux des engrais du commerce pourra donner à la végétation un coup de fouet parfois merveilleux.

(1) Les engrais complets bien solubles conviennent également à tous les sols. Ils exposent seulement à apporter dans le sol un ou deux éléments dont il n'a pas un besoin immédiat, mais qui ne peuvent nuire.

V. V.

Sur ce résultat, il ne faut pas se hâter de crier au miracle. Il faut attendre, répéter, faire provision de patience. L'analyse du terrain la mieux faite, la science même, ne sont pas une garantie de réussite. Avec tout le bagage des connaissances utiles en cette matière, il faut encore tâtonner. Le plus ennuyeux, c'est que, s'il s'agissait de céréales ou de prairies, on connaîtrait les résultats bien vite, tandis qu'en matière viticole, il faudra quelquefois deux ou plusieurs années pour être fixé. Et si la gelée se met de la partie la première année, la grêle la seconde et le phylloxera la troisième..... Après cela ce serait la même chose avec l'engrais d'étable. L'un ou l'autre n'enlèvera pas au sol sa fertilité, bien au contraire.

CHAPITRE IV

Défense des vignes que l'on cherche à conserver. — La submersion. — Les sulfo-carbonates. — L'œuf d'hiver et les badigeonnages. — Le sulfure de carbone.

De tous les fléaux avec lesquels la vigne est aux prises depuis plusieurs années, le plus redoutable est sans contredit le phylloxera. Nous comptons bien nous occuper des autres à la fin de ce guide, mais, avouons-le franchement, c'est cette vilaine petite bête qui nous met la plume à la main.

C'est pourquoi nous lui faisons l'honneur, qu'il mérite trop bien, le maudit! de n'avoir que lui en vue, lorsque nous venons ici parler de la défense et de la conservation des ceps qui peuvent nous rester.

Tout le vignoble français, et notre région en particulier, sont infestés par le terrible puceron dont les figures ci-dessous vous donneront l'idée peu réjouissante.

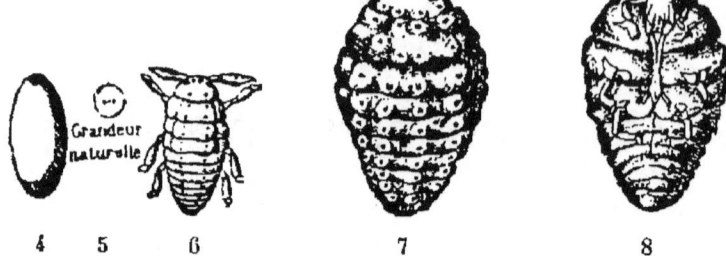

4   5   6   7   8

Fig. 4. Œuf grossi du phylloxera aptère. — Fig. 5. Pointillé figurant la grandeur naturelle. — Fig. 6. Jeune insecte agile grossi. — Fig. 7 et 8. Phylloxera à la 3ᵉ mue, vue dessus et dessous.

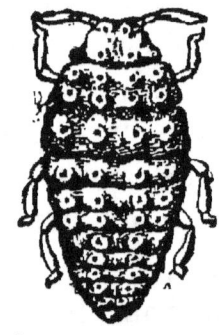

Fig. 9. Nymphe.

Pour éviter des redites, nous ne ferons pas ici sa biographie, d'autant plus que nous ne savons sur lui que ce qu'on nous en a appris et que, à l'heure actuelle, les princes de la science n'ont pu se mettre d'accord sur bien des choses qui le concernent. Ceci n'est un mystère pour personne.

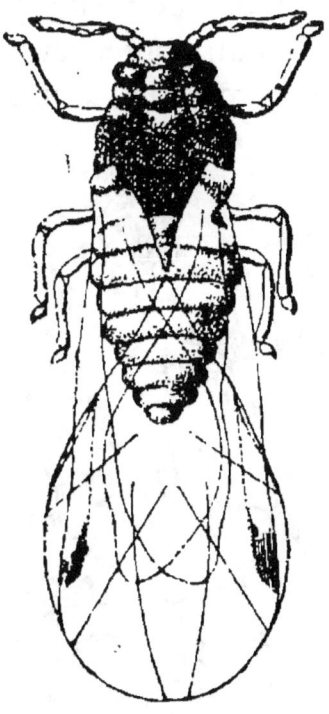

Fig. 10. Phylloxera ailé.

Disons seulement que non content de se présenter aussi laid que nous venons de vous le montrer, il existe encore sous une forme peut-être plus terrible, plus facilement envahissante en tous cas, celle de l'insecte ailé.

Tout le monde sait que le phylloxera amène

la mort de la vigne en suçant ses racines, et surtout ses radicelles. A la piqûre de l'insecte succède, dans la vigne française surtout, une boursouflure ou nodosité particulière, produite, sans aucun doute, par le suc qui s'écoule de la petite trompe de l'animal.

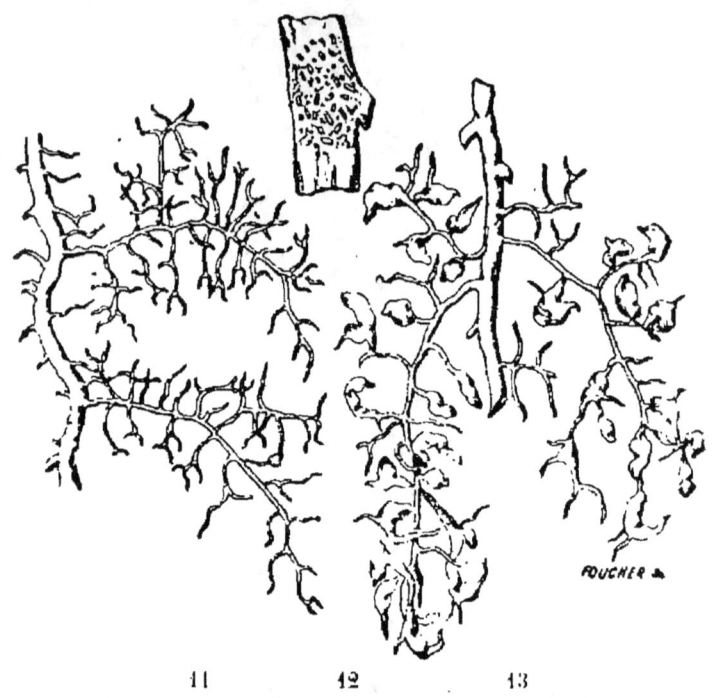

Radicelles ou chevelus des racines.

Fig. 11. Partie saine. — Fig. 12. Phylloxera sur le vieux bois, grandeur naturelle. — Fig. 13. Partie phylloxerée, avec renflements.

Bientôt ces nodosités éclatent et causent

— 40 —

ainsi la décomposition ou pourriture des racines.

Les figures 11, 12 et 13 montrent ces nodosités et les différents états par lesquels passe le système radiculaire du végétal. La figure 14 fait voir les insectes installés sur une grosse racine.

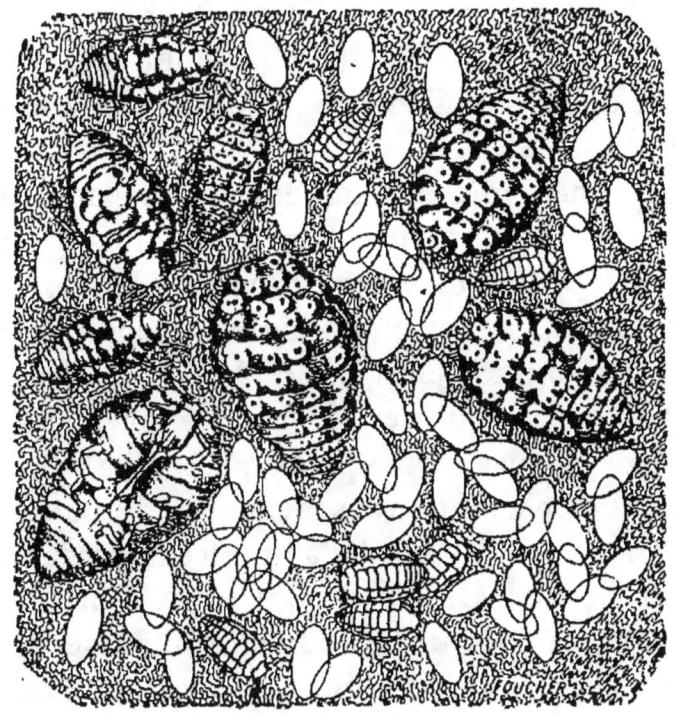

Fig. 14.

C'est à la fin de l'été que se forment, sous nos climats, les essaims d'insectes ailés qui envahissent nos vignes. Bientôt les pampres jaunissent sous l'influence pernicieuse de pucerons innombrables, éclos dans les profondeurs de la terre. Aux vendanges, les ceps attaqués ne tardent pas à perdre leur belle couleur verte.

L'année suivante, la première poussée se fait à peu près normalement, puis la végétation faiblit, le fruit noue mal, mûrit encore plus mal, ou même se dessèche le long des sarments qui n'atteignent pas le quart de la longueur normale.

Ces phénomènes commencent sur des espaces restreints, généralement de forme arrondie, appelés *taches phylloxeriques*. On se souvient qu'à l'origine nos campagnards y voyaient uniquement l'œuvre du *feu du ciel*.

Qui croirait que ces signes extérieurs si accusés ne paraissent pas probants à tous ! Bien souvent et partout, nous avons vu le paysan refuser de prime-abord d'admettre la présence du phylloxera. On dirait qu'il s'agit d'un mal honteux, avilissant. Chez le voisin, passe encore, mais chez soi !... Sur ce point, la gelée de 1879-80 a eu bon dos dans notre Beaujolais. Les procès-verbaux de la Société de viticulture de Lyon font foi de notre prévoyance à cet égard, mais ce que nous n'avions pu soupçonner d'avance, c'est la persistance fâcheuse avec laquelle nos vignerons ont attribué à l'hiver les méfaits du phylloxera. Cette obstination a considérablement nui à la défense.

La grande gelée est si bien la cause de tout le mal, qu'il y a peu de mois un voisin, auquel nous reprochions de ne pas traiter un plantier (jeune vigne) de trois ans, aux prises avec le puceron, nous répondit hardiment : « ça le phylloxera, jamais de la vie, c'est la gelée de 1880 ! »

Ce brave homme, après tout, était peut-être de la famille de ce fermier normand auquel un délégué des hautes sphères agricoles montrait, en plein mois de mai, une terre ensemencée en froment et une autre en seigle : « Pourquoi cette différence si accusée dans la végétation de cette céréale ? » « La raison en est simple, répondit le rustre, ce blé si beau est en terre depuis deux ans. » Le savant, enchanté, remercia et fit là-dessus un rapport remarquable.

Pardon de cette digression et revenons vite à la maudite bête qui cause et causera encore tant de ruines. Soyez convaincu que vos vignes sont plus malades que ceux qui les cultivent ne vous le disent, que vous ne le soupçonnez peut-être, et mettez-vous de suite en train de défendre ce qui est encore défendable (1).

Je ne vous ferai point l'injure d'aborder cette question de la défense de nos vignobles français par la nomenclature de ces remèdes ridicules, que dis-je ? grotesques, dont nous avons tous entendu parler. Au Comité départemental d'Etudes et de Vigilance, nous es-

---

(1) Indépendamment de la peine qu'on éprouve à s'avouer la présence du phylloxera, bien des causes viennent parfois s'opposer à la découverte du mal.

Je citerai à l'appui ce que j'ai constaté à Beaune (Côte-d'Or), en 1885 :

Je remarquai dans une visite bien des taches révélatrices niées par les propriétaires, cela va sans dire ; ils m'affirmaient que ces taches diminuaient d'étendue et avaient occupé une surface beaucoup plus considérable.

Je compris bien vite ce qui se passait : On sait qu'on ne renouvelle les vignes de la Bourgogne que par le provignage. Or, sitôt que quelques souches mouraient, on avait recours aux voisines les plus vigoureuses, la tache se rétrécissait. Je détruisis facilement l'illusion.

Bien plus, le lendemain, je l'expliquais au début d'une conférence, qui fut bien écoutée quand même. Malheureux Bouguignons ! dire que j'ai osé leur annoncer leur prochaine ruine et que l'évènement m'a donné raison, hélas !

E. B.

sayons tous ceux qui nous sont présentés, à la seule condition qu'ils ne soient pas de composition secrète.

Dire que ces malheureux ceps du Champ de Saint-Germain-au-Mont-d'Or ont été traités par tant d'empiriques désireux de décrocher la timbale de 300,000 francs ! On a essayé de tout, depuis le bouillon d'écrevisses en putréfaction, qui n'a jamais mis en fuite que l'opérateur, jusqu'au brome qui risquait de tuer ce même opérateur, mais ne faisait pas même éternuer le phylloxera. M.X. verrait peut-être là un moyen de lui casser la trompe !

Peut-être proposera-t-on bientôt de traiter les vignes par suggestion, pour le moment nous n'en sommes encore qu'aux pastilles, ce qui n'a rien d'étonnant par le temps qui court. Cette forme de remède a tellement droit de cité parmi nous, qu'au congrès de Mâcon un inventeur qui recommandait sa petite boîte fut interrompu par un brave vigneron Berrichon demandant combien il fallait donner de pastilles à l'hectare. L'auditoire rit de si bon cœur que l'orateur ne put continuer.

En voilà assez sur un sujet qui finirait par devenir attristant ; parlons seulement des moyens sérieux que la science et la pratique reconnaissent comme seuls applicables dans la lutte que nous avons à soutenir.

A ce propos, disons un mot de certains systèmes basés à la fois sur une modification apportée à la taille et à la culture de la vigne et sur un insecticide dont l'efficacité reste à démontrer, hélas ! Nous le ferons d'autant plus volontiers que quelques-uns de ces procédés ont eut l'honneur de la discussion dans les assemblées sérieuses, telles que les récentes conférences de Vienne. Nous ne mettons pas en doute la bonne foi de ceux qui ont affirmé l'efficacité de ces traitements, mais nous nous permettrons de leur dire :

1º Qu'il est un facteur trop souvent oublié et avec lequel il importe cependant de compter: c'est le temps, et il a manqué pour affirmer la valeur du procédé.

2º Qu'il faut se méfier, et pour cause, de tous les insecticides contenant une dose plus ou moins forte d'engrais, parce que cette fumure dissimulée pourra donner un regain de végétation qui masquera pour un temps, peut-être très court, les dégâts du phylloxera.

3º Enfin que malheureusement les expérimentateurs de remèdes nouveaux oublient trop souvent de faire constater avant toute chose que les vignes sur lesquelles ils ont opéré étaient réellement phylloxerées.

LA SUBMERSION

La pluie ne peut pas durer quarante-huit heures sans que de toutes parts on entende les naïfs, et ils sont nombreux, s'écrier en se frottant joyeusement les mains : « Voilà qui va noyer le phylloxera ! » Certes ! la pluie est ennuyeuse, le proverbe le dit, mais cette phrase répétée sans cesse, en toutes saisons, nous semble encore bien plus fatigante que la pluie.

Savez-vous ce qu'on entend par submersion ? C'est une opération qui consiste à laisser sous l'eau, pendant environ soixante jours consécutifs, les vignes que l'on veut débarrasser du puceron. Notez que la couche d'eau doit avoir une épaisseur suffisante, cinquante centimètres environ.

Ici j'entends tous les vignerons de notre région se récrier : « Comment, nous cherchons par tous les moyens possibles à drainer nos vignes. Un hiver trop humide suffit à faire pourrir leurs racines, et vous allez nous parler de les inonder ! C'est de la démence, et si tous vos avis valent celui-là... »

Eh bien, non ! Ce n'est pas de la démence, pas même de l'ignorance, les lois de la végétation viticole nous sont connues. Nous avons vu, tout le monde a pu le voir comme nous, sur les bords du Rhône, de la Garonne et de bien d'autres fleuves ou rivières, des vignes de belle venue soumises au régime dont nous parlons. Pour que l'eau reste sûrement on la retient à l'aide de *bourrelets* de terre de hauteur suffisante, et on l'amène aussi abondante que possible : tantôt à l'aide d'une simple vanne, tantôt au moyen de siphons ou de machines puissantes. M. Vautier, président honoraire de la Société de Viticulture de Lyon, dont nous déplorons la perte récente, employait un siphon de 0^m60 de diamètre pour submerger son beau vignoble de l'Armeillère en Camargue ! Dans les palus de la Gironde on pourrait dire qu'on rencontre presque à chaque pas des appareils élévatoires plus ou moins perfectionnés.

La fig. 15 ci-après donne une idée de ces installations.

Et on récolte du vin dans toutes ces propriétés, on en récolte même beaucoup. Peut-être est-il affaibli par ce mouillage anticipé, nous ne voulons pas discuter ; il se vend, c'est l'essentiel, nous n'avons pas à savoir dans quelles

Fig. 15.

conditions. Par exemple il faut chaque année produire à nouveau cette inondation artificielle, car, avec la sécheresse de l'été, on constate bien vite des réinvasions phylloxeriques. L'eau, qui asphyxie probablement le puceron, le fera encore disparaître.

Seulement, nous adressant à ceux qui cultivent des cépages délicats, craignant l'humidité, nous leur dirons : tout cela n'est guère fait pour nous. Heureusement, ou malheureusement, l'essai n'est pas facile à tenter. Les gelées du printemps, plus redoutables ici que dans l'Ouest ou dans le Midi, ne nous permettent pas de planter des vignes, des vignes basses au moins, le long des rivières, à nous habitants de la Bourgogne, du Beaujolais, de Côte-Rôtie, etc.

Si cependant vous étiez assez heureux pour pouvoir submerger, si vos terrains étaient assez perméables à la surface, imperméables dans le sous-sol, si l'eau pouvait s'écouler facilement aussitôt après l'opération, si... Alors vous feriez bien de consulter les ouvrages traitant spécialement de la matière (1).

(1) Voir *Cours complet de viticulture*, par G. Foëx, Montpellier, Coulet 1888, et les nombreux auteurs auxquels il renvoie.

Ce système de défense, certainement excellent, ne présente pas un grand intérêt pour nous. Cela est d'autant plus regrettable que, si l'on a à sa disposition certaines eaux chargées de principes organiques, la submersion est à la fois un remède et un engrais.

LE SULFO-CARBONATE

Encore un procédé qui exige de l'eau et beaucoup d'eau ; quinze à vingt litres au moins par souche. C'est fâcheux, car le sulfo-carbonate de potassium, en dégageant des vapeurs de sulfure de carbone, tue le phylloxera. En outre la potasse est un élément indispensable à la vigne, nous l'avons dit.

La grande quantité d'eau à employer n'est pas du reste le seul obstacle à la propagation de ce traitement. Le prix élevé du produit y est bien pour quelque chose, et nous nous permettrons, à cet égard, de rappeler qu'au Congrès viticole, tenu à Lyon en 1881, nous l'avons qualifié de traitement de luxe.

Cela était vrai, l'est toujours. C'est dommage !

L'ŒUF D'HIVER ET LES BADIGEONNAGES

Il résulte des observations de M. Balbiani, que la fécondité du phylloxera décroît avec la série des générations successives de l'insecte radicicole et qu'elle finirait par disparaître si elle n'était renouvelée par l'œuf d'hiver produit des sexués. De là toutes les pratiques qui ont pour but la destruction de cet œuf par le badigeonnage des souches avec de la chaux, de la naphtaline et de l'huile lourde. Nous devons à la vérité de dire que, jusqu'ici, rien ne paraît indiquer que ces traitements aient, quelque part, enrayé la marche du fléau. Il semble que le fameux œuf ne joue pas le grand rôle qu'on lui attribuait. Comme nous n'avons pas entendu dire que personne en ait encore constaté la présence dans notre région, où il a été cependant confondu bien souvent avec l'œuf de la pyrale, de la cochylis et autres destructeurs de la vigne; comme il ne peut pas davantage être utilisé dans la préparation d'un lait de poule ou d'une omelette, laissons-le de côté et passons à quelque chose de plus important (1).

(1) Nous renvoyons les lecteurs que cette question peut intéresser aux auteurs spéciaux, et notamment : aux publications de MM. Balbiani et Prosper de Lafitte.

LE SULFURE DE CARBONE

Celui-ci est, en l'état actuel, l'agent de destruction le plus commode, le plus sûr, le moins coûteux que nous puissions opposer à notre ennemi. Il était devenu facilement populaire, et les services qu'il a rendus nous décident à lui consacrer tout un chapitre.

CHAPITRE V

Sulfure de carbone, son emploi. — Pals et charrues sulfureuses. — Dosages, etc.

Doit-on sulfurer? Il y a quelques années à peine, tout le monde, dans le département du Rhône, bien convaincu que le sulfure est une bonne chose — et que des bonnes choses on ne saurait abuser — sulfurait à qui mieux mieux.

Aujourd'hui, de nombreux insuccès ont rendu plus prudent; le sulfure de carbone, abandonné par la généralité des viticulteurs, est réservé à des terrains privilégiés dans lesquels il continue à donner d'excellents résultats.

Avant d'acheter notre sulfure examinons donc avec soin le sol de nos vignes et ne traitons chaque parcelle que si nous avons chance de succès.

Pour être défendable, une vigne doit remplir deux conditions : n'être pas encore trop endommagée par l'insecte, être plantée dans un sol propice au traitement.

C'est gaspiller le sulfure de carbone que vouloir l'appliquer à des vignes trop malades, ayant la moitié ou plus des racines avariées. Traiter des souches mortes ou mourantes, c'est poser un emplâtre sur une jambe de bois.

Les meilleurs traitements sont ceux dits *préventifs*, qui consistent à sulfurer dès que le fléau est signalé dans les environs; avant que le phylloxera ait eu le temps de faire assez de mal aux racines pour que les dégâts se traduisent *extérieurement* par le jaunissement ou l'apparition de *taches* dans la vigne.

En opérant tous les ans, on détruit dès leur arrivée, tous les phylloxeras provenant des essaimages voisins, avant qu'ils aient pu causer de trop grands dégâts. Théoriquement le mal n'apparaît jamais... si le traitement a été parfait.

Ayant constaté que notre vigne est encore en assez bon état pour que *le traitement puisse être tenté* avec succès, examinons si le sol se prête au sulfurage.

D'une façon générale, on peut dire que les terrains granitiques, porphyriques et schisteux, quand ils sont friables et assez profonds, sont très favorables à l'émission des vapeurs du sulfure de carbone.

Dans les porphyres du Beaujolais, dans les granits du canton de Vaugneray, la non-réussite des traitements bien faits est l'exception. Il en sera ainsi probablement pour les vignobles de l'Auvergne situés sur terrains volcaniques.

Le sol est-il compact, argileux, peu profond, humide, goutteux, le sous-sol est-il imperméable, nous avons peu de chance de réussir. Dans les terrains gras, le sulfure de carbone, au lieu de se diffuser, reste renfermé comme dans un pot et, souvent à l'état liquide, contribue à la mortification des racines. Un terrain très léger, peu profond, est également, pour une cause différente, rebelle aux traitements : l'air du dehors arrive trop aisément à l'insecte et le sulfure s'échappe extérieurement avant d'avoir achevé l'intoxication des phylloxeras.

Donc, que le terrain soit trop compact ou trop léger et nous risquons fort de jeter notre poudre... nous voulons dire notre sulfure, aux moineaux.

Ayant reconnu la possibilité de sulfurer nos vignes, nous pouvons, en faisant partie d'un syndicat de défense, obtenir du gouvernement une subvention, variant actuellement de 25 à

5o francs par hectare, qui abaissera d'autant le coût de l'opération.

Devons-nous dire, pour quelques-uns de nos lecteurs, que le sulfure de carbone est un liquide très volatil, obtenu par la combinaison du soufre et du charbon de bois, très inflammable, bouillant à 46° environ, exhalant un parfum d'œufs pourris. Ce produit est assez connu aujourd'hui pour que nous n'ayons pas à entrer dans de plus grands détails et qu'il nous suffise d'indiquer les moyens sommaires de vérifier sa qualité et les précautions à prendre pour sa conservation.

Le baril peut contenir de l'eau qui, si l'on fait brûler le sulfure dans une assiette plate, restera au fond; sur le doigt où la main l'évaporation du sulfure est beaucoup plus rapide que celle de l'eau.

L'insecticide qui nous occupe peut aussi être mal rectifié et contenir une proportion de soufre assez grande. En faisant évaporer une petite quantité du liquide dans une assiette, si le sulfure est normal il ne doit pas y avoir de dépôt sensible. Plus rapidement encore on peut faire cette vérification en déposant quelques gouttes sur une plaque en verre. Le sulfure pur ne laisse à chaque goutte qu'une tache à peine visible, la largeur et l'opacité de cette tache varient avec l'impureté.

Quant à la conservation, le sulfure ne gelant pas, il suffit de veiller à ce que les tonneaux ou les bonbonnes soient bien, très bien bouchés, et mis le plus possible à l'abri du soleil.

PALS ET CHARRUES SULFUREUSES

Tout le monde connaît le pal Gastine, qui sert à employer le sulfure de carbone. On sait que c'est une sorte de seringue, surmontant un pieu en fer creux, qui permet de déposer, à la profondeur voulue, une quantité de liquide donnée. Les modèles Excelsior, Select, etc., reposent tous sur le même principe : la dose est réglée par la course du piston. Ne voulant pas les décrire nous nous contentons de représenter extérieurement et en coupe l'un d'eux. (Fig. 16 et 17 ci-après).

Les charrues sulfureuses qu'on a essayées, avec moins de succès que le pal, ont toutes des organes communs : une ou deux roues, en tournant, actionnent une pompe qui injecte le liquide derrière un coutre. Dans notre région, nous ne saurions recourir à ces instruments, et nous sommes obligés, sauf des cas exceptionnels, de nous en tenir au pal.

DESCRIPTION

Le pal Excelsior examiné extérieurement comprend en bas une tige carrée, très effilée, en acier, I, percée intérieurement d'un petit trou, qui porte le liquide, à l'extrémité inférieure de la pointe (en K). Au milieu, un récipient R en laiton sert à contenir le sulfure de carbone.

Deux manettes S servent à enfoncer le pal avec la main, en même temps qu'on appuie avec le pied sur la pédale P ; mais la pénétration est si facile que le pal s'enfonce le plus souvent seul, sans recourir à la pédale.

En haut, un bouton de poussée N, qui surmonte la tige de piston Y, sert à donner l'injection.

Le mécanisme intérieur qui assure le dosage et qui est représenté en grand n'est rien autre qu'une seringue perfectionnée.

Il ne comprend que deux organes, un piston B qui chasse le liquide avec pression, et un obturateur O qui empêche le liquide de couler quand la pression n'a pas lieu.

La tige du piston coulisse dans un cylindre métallique bien alésé C. Pour bien chasser le liquide, elle porte à l'extrémité inférieure une petite cuvette en cuir embouti B qui forme un joint parfait. Cette cuvette est maintenue à l'extrémité du piston par une vis à tête cylindrique percée d'un trou pour le dévissage. Dans la colonne, un grand ressort M entoure le piston et le tient relevé lorsque la main n'appuie pas sur le bouton de poussée.

Fig. 16.

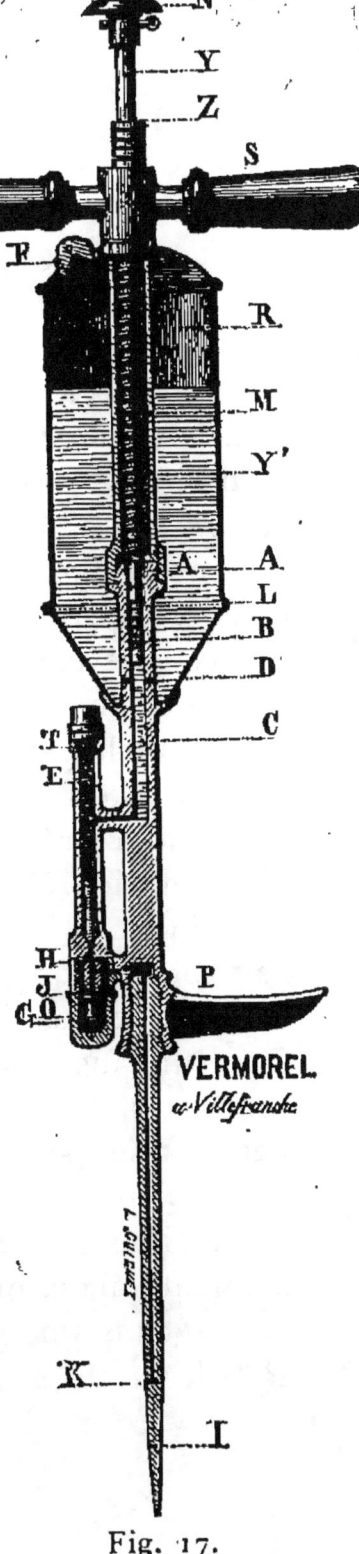

Fig. 17.
Pal Excelsior.

ÉPOQUES DES TRAITEMENTS. — DOSAGES

A quel moment faut-il traiter ?

Au début, le mois d'octobre était seul en faveur. Depuis, des essais successifs ont prouvé qu'on peut, sous notre climat, sulfurer toute l'année quand le sol n'est pas trop mouillé et qu'il ne gèle pas. Il est sage cependant d'éviter de faire l'opération pendant les grands mouvements de sève, au débourrage, à la floraison et à la véraison.

La dose la plus généralement employée est celle de 200 kilos à l'hectare — 20 grammes par mètre carré — en voulant trop réduire on n'obtient rien. Qu'il y ait un seul phylloxera ou un million, il faut pour le ou les détruire que l'air contenu dans le sol soit toxique au même degré. Une quantité insuffisante pourra, peut-être, lui causer des migraines, mais n'empoisonnera pas le maudit insecte. Les vignes saines peuvent supporter une dose beaucoup plus forte qu'on ne se l'imagine.

La diffusion des vapeurs de sulfure se fait d'autant mieux que le liquide est lui-même réparti dans un plus grand nombre de trous. Plus les terres sont compactes, plus mince est la couche arable, plus multipliés doivent être les trous ; leur nombre varie d'ordinaire de 25,000 à 40,000 par hectare.

Dans le Beaujolais, avec les vignes plantées en carré de $0^m 70$, on emploie le pal, dosé à 5 grammes par injection, en faisant un trou entre deux ceps sur les deux lignes perpendiculaires, ce qui donne 2 trous par souche, environ 40,000 à l'hectare.

Dans les vignes en foule, on cherche à disposer les trous, le plus possible en carré, sans s'inquiéter des ceps autrement que pour s'en écarter de 15 centimètres environ quand on tombe sur une souche.

La dose de sulfure de carbone à injecter dans chaque trou se calcule en divisant la quotité employée par mètre carré par le nombre de trous contenus dans cette surface. Dans la distribution, il faut bien se pénétrer de ceci que l'insecticide doit être également réparti dans tout le sol et non pas seulement autour des souches.

L'enfoncement du pal a été aussi l'objet de nombreux débats : une profondeur moyenne de 25 centimètres environ paraît la plus convenable. A mettre moins profond on perd une grande partie des vapeurs insecticides qui s'échappent dans l'air.

Il n'est peut-être pas inutile d'ajouter que, pendant la durée de l'opération, le dosage des pals doit être souvent vérifié ; une injection hors sol, au bout de chaque ligne, est un bon moyen de se rendre compte que tout fonctionne bien. Il est non moins important aussi de bien veiller à ce que les trous d'injection soient prestement bouchés.

Enfin pour finir, une fumure, aux engrais chimiques, est un excellent complément des traitements ; elle doit être d'autant plus forte que la vigne est en plus mauvais état.

CHAPITRE VI

Arrachage des vignes mortes ou mourantes. — Repos du sol. — Mise en état. — Drainage et amendements.

Nous avons parlé des pertes occasionnées par l'hiver terrible. Combien elles eussent été amoindries si les propriétaires avaient voulu se rendre compte de ce qui s'était passé ! Il est impossible, depuis bien des siècles au moins, de rappeler un mort à la vie. Puisqu'il s'agit uniquement ici de végétaux, ajoutons qu'il est inutile de vouloir ramener à la santé ceux qui sont trop malades. Cela coûte trop cher, et cette considération doit guider l'agriculteur, pour lequel la question la plus intéressante est celle du doit et avoir.

Disons donc, sans hésiter, que, lorsque les taches phylloxeriques se multiplient par trop, qu'elles tendent à n'en plus former qu'une seule, il faut arracher sans pitié. Nous pourrions citer bien des gens qui se sont ruinés à attendre une maigre récolte de leurs ceps à moitié desséchés. Ni bons soins culturaux, ni engrais coûteux n'ont pu remettre en sève les souches épuisées.

Ne le nions pas : dans beaucoup de terrains le sulfure de carbone donnera des résultats plus ou moins satisfaisants. Là même où l'insecticide agira le plus utilement, l'expérience prouve que la durée d'une vigne traitée ne sera pas éternelle. C'est un remède et non pas une de ces panacées miraculeuses qui ressuscitent ce qui n'est plus. L'esprit, du reste, ne peut concevoir que les vapeurs délétères puissent détruire absolument tous les insectes, toutes les nymphes, tous les œufs. Et puis il faut tenir compte de l'état du végétal lui-même.

Il faudra donc souvent arracher et le faire avec le plus de soin possible, car, indépendamment des inconvénients ordinaires, la présence de racines oubliées dans le sol y maintiendrait le puceron. Brûler ces racines serait certainement bon, mais allez donc le demander à des vignerons économes qui n'ont pas d'autre bois de chauffage; non plus qu'à vous, Madame, qui ne pourriez plus rêver devant les jolies petites flammes bleues de votre foyer. Pourtant vos voisines de la Suisse ont bien consenti à pratiquer ce système de défense radical, elles ne s'en sont pas repenties.

Enfin voilà notre terrain débarrassé des ceps noircis qui lui donnaient l'aspect d'un cimetière. Qu'allons-nous en faire ?

Le cultiver, bien entendu, et c'est le cas de recourir surtout aux plantes améliorantes dont nous avons dit un mot. Pas d'illusions surtout sur le produit à espérer, les terres à vignes sont généralement peu propices à recevoir d'autres cultures. Le froment, même sous l'égide d'un droit protecteur, est, pour nous vignerons, d'un rendement insignifiant. Ce qui nous importe le plus, ce n'est pas de chercher à moissonner, mais de payer le pain le moins cher possible. Après cela, peut-être que si les laboureurs faisaient de la culture intensive, comme les Anglais, qui trouvent moyen de récolter deux fois plus que nous, s'ils creusaient cette question, comme on a creusé celle de la vigne... Mais trêve à de semblables idées, les économistes normands ou picards nous renverraient à nos ceps. Nous y sommes !

Ce qu'il faut surtout, c'est d'entretenir le sol dans le meilleur état de propreté possible pendant le repos de quelques années que nous allons lui laisser prendre. Sur ce sujet, nous dirons toute notre pensée : C'est un système condamnable que d'arracher des ceps pour les remplacer immédiatement par d'autres, fussent-ils même d'espèces tout à fait différentes.

Les exemples ne manquent pas à l'appui de cette thèse. Le sol aura beau être bien défoncé, fumé simultanément avec abondance, une vigne succédant sans interruption à une autre ne vaudra jamais celle plantée dans un terrain qui aura produit autre chose que des raisins durant plusieurs années, quatre ou cinq ans au minimum.

L'expérience prouve chaque jour aux jardiniers que s'ils sèment des petits pois deux fois dans la même plate-bande, ils récolteront, la seconde, plus de mauvaises herbes que de légumes. Le même fait se produira pour la vigne; il sera plus long à vérifier, voilà tout. On nous apprenait déjà au lycée que les mêmes causes produisent constamment les mêmes effets.

AMENDEMENTS

Le moment semble bien choisi pour s'occuper des amendements. On comprend facilement qu'il serait plus malaisé d'épandre et de mélanger des masses souvent importantes d'une substance quelconque au sol complanté de vignes que lorsqu'il est nu ou à l'état de chaume.

Qu'est-ce donc qu'un *amendement*? C'est le mélange à la terre de matières qui ont pour but de modifier sa nature *physique* et d'accroître la puissance de la végétation. Il ne faut pas le confondre avec *l'engrais* qui a pour but de modifier la nature *chimique* du terrain, quelquefois aussi, mais plus rarement, ses propriétés physiques.

Les amendements les plus usités sont l'argile pour donner de la cohésion au sol trop sableux; le sable pour diviser les sols trop argileux; la chaux pour rendre friable ce même argile trop compact; le plâtre, les marnes, la craie, les cendres, la suie, etc.

N'oublions pas aussi un amendement singulier: le chlorure de sodium, vulgairement sel marin, qui fit tant de bruit, il y a quelques années, dans notre Beaujolais.

Des enthousiastes avaient persuadé à chacune de nos ménagères qu'elle possédait dans sa cuisine *l'insecticide antiphylloxerique* par excellence, en même temps que l'engrais le plus efficace pour la vigne. Aussitôt les innombrables wagons de la Cie P.-L.-M. suffirent à peine au transport du sel de cuisine sauveur ! C'était d'un emploi si facile et si peu coûteux.

Hélas ! quelques mois après, tous les vignerons qui avaient forcé la dose, et c'était le plus grand nombre, persuadés qu'ils étaient d'avoir détrôné le puant sulfure et surtout cette greffe abhorrée dont la pratique commençait à se généraliser, poussaient des cris de paon : le sel délité, qui a la propriété de remonter à la surface, avait formé une croûte d'une telle dureté qu'aucun outil ne pouvait l'entamer. C'était le phylloxera, lequel du reste ne s'était jamais mieux porté, qui devait bien rire sous cet abri protecteur inespéré !

Il eût été préférable, au lieu de procéder avec cette promptitude, de se renseigner auprès de nos voisins de la Camargue dont le plus grand souci est de dessaler la terre. On sait que c'est en cherchant à faire dissoudre le sel dans les eaux du Rhône, qu'ils ont découvert le procédé de la submersion. Mais allez donc demander de se renseigner sérieusement au paysan endoctriné, au cabaret, par ce savant universel, cet agronome indiscuté, qui s'appelle le commis-voyageur en denrées coloniales.... ou en bretelles ?

Revenons aux vrais amendements : on donne encore ce nom à certaines opérations agricoles telles que : les empierrements, le colmatage, l'écobuage, le renversement du sol en forme de billons (épaulettes ou darbons du Beaujolais), et enfin au drainage lui-même dont nous allons parler.

Il y aurait beaucoup à dire sur ces pratiques culturales trop peu vulgarisées dans nos pays; le nord de la France, la Belgique, l'Angleterre sont beaucoup plus avancés que nous à ce point de vue (1).

DRAINAGES

N'oublions pas que sous nos climats, humides par rapport à ceux de l'Hérault, par exemple, il faut, partout où cela est nécessaire, assainir ou drainer le sol que l'on destine aux vignes.

Le mode le moins cher, et peut-être le

---

(1) Le lecteur désireux d'étudier spécialement une question aussi capitale pourra se reporter aux ouvrages de MM. de Dombasle, Boussingault et de Gasparin et aussi à cet excellent livre, un peu démodé, qu'on rencontre dans nombre de bibliothèques : *la Maison Rustique du XIXe siècle*, tome Ier.

meilleur, nous semble la rigole remplie de pierres sèches recouvertes de bruyères ou de genêts et enfin de terre ; ce que nous appelons en Beaujolais la *tuison*. Avec elle, pas de danger qu'une racine vienne obstruer un drain, voire le faire éclater. Essayez, mais par exemple n'allez pas demander son avis au potier ni au tuilier du voisinage (1).

Vous savez maintenant comment conserver les ceps qui peuvent vous rester, vous savez aussi préparer votre terrain pour recevoir des troupes fraîches, occupons-nous de ces nouvelles recrues. L'étude de leur campement fait l'objet de notre deuxième partie.

(1) Consulter à ce sujet les ouvrages de MM. Barral, Hervé-Mangon, etc.

DEUXIÈME PARTIE

RECONSTITUTION DES VIGNES. — VIGNES FRANÇAISES ET VIGNES AMÉRICAINES. — PORTE-GREFFES ET PRODUCTEURS DIRECTS. — PLANTATIONS. — PÉPINIÈRES. — GREFFAGES.

CHAPITRE I

Mise en état du terrain. — Nivellement et chemins de desserte. — Défoncement. — Tout est-il disposé pour la plantation ?

Quelques années se sont écoulées, le terrain a perdu jusqu'au souvenir des vignes et surtout des parasites qu'elles nourrissaient. Notre décision est prise, nous allons reconstituer notre vignoble au printemps prochain ; pourquoi pas à l'automne ? Nous le dirons plus loin.

Aussitôt la récolte transitoire enlevée, on s'occupera de parer le champ prédestiné. La première chose à faire, pour lui donner bonne apparence, est de le niveler attentivement, d'y tracer des chemins de desserte larges et d'un accès facile. C'est un point à ne pas négliger, on s'en apercevra à la récolte, ou lors de l'épandage des engrais.

DÉFONCEMENT

Le premier des grands travaux utiles, le défoncement ou défonçage, appelé aussi minage du sol ! Aujourd'hui, avec le phylloxera, il devrait être pratiqué en tous pays sans exception, étant, nous en sommes convaincu, une opération préliminaire indispensable. Que les habitants de la Bourgogne et du Mâconnais, notamment, soient bien persuadés qu'ils feront des vignes qui se défendront mieux s'ils défoncent le sol au préalable. Une terre bien remuée, bien meuble, favorise certainement l'émission des jeunes racines.

Là où le défoncement n'est point en usage, on prétend que c'est une mauvaise pratique que d'enfouir la terre végétale pour ramener à la surface les mauvaises couches inférieures. Nous croyons, nous, qu'il vaut mieux que les racines soient mises en contact avec ce qui est bon qu'avec ce qui ne vaut rien. La gelée, le soleil, l'air et le travail sauront bien équilibrer les choses. Mauvais prétexte, qui a dû être inventé par le contraire d'un travailleur.

Donc, fouillez le sol à une profondeur variable, suivant sa nature et aussi l'espèce du cépage choisi. En Beaujolais, où la couche végétale est peu profonde, et où nous cultivons uniquement le Gamay, variété à racines traçantes, comme la plupart des vignes du reste, nous allons rarement à plus de 5o centimètres de profondeur. Par exemple, et c'est la règle sans exception dans les terrains légers, nous commençons par recouvrir le sol d'une épaisse couche de fumier d'étable que nous enterrons en creusant nos fossés de minage. La quantité d'engrais ainsi répandue atteint cinq à six cents quintaux métriques par hectare.

Le prix des défoncements n'est pas aussi élevé que le prétendent ses adversaires systématiques. Evidemment, dans un sol rocailleux, qui nécessite l'emploi de la poudre de mine ou de la dynamite, la dépense sera plus élevée que là où la bêche ne rencontre que sable et matériaux de consistance analogue. Les ouvriers, qui se contenteront de cinq à six cents francs par hectare dans la vallée de la Saône, n'accepteront pas de faire le même travail sur les coteaux granitiques de Brouilly pour un salaire huit fois plus fort.

A chacun de se renseigner avant de débuter. Nous vous souhaitons même un sol assez malléable pour qu'il vous suffise de recourir à la charrue défonçeuse dont l'un des types est représenté à la page ci-après. Vous ne dépenserez en ce cas que 150 francs environ par hectare retourné à 0^{m}40 de profondeur, si même vous recourriez aux treuils de défoncement ou au labourage à vapeur la profondeur pourrait être portée à 0^{m}60 ou 0^{m}80.

Un conseil cependant : c'est là surtout qu'il faut se méfier du travail à bas prix. Il est si facile d'oublier un quartier de rocher et de le dissimuler sous quelques centimètres de terre arable. La sonde, même la mieux emmanchée, ne saurait pénétrer partout.

Les avis sont partagés sur l'époque la plus favorable pour le genre de travail qui nous occupe. Suivant les uns, il faut que le sous-sol voie le soleil, suivant d'autres il vaut mieux opérer pendant les belles journées de l'hiver ou même au printemps. Affaire de nature du sol évidemment. On ne saurait se repentir d'exposer aux rayons brûlants du soleil de

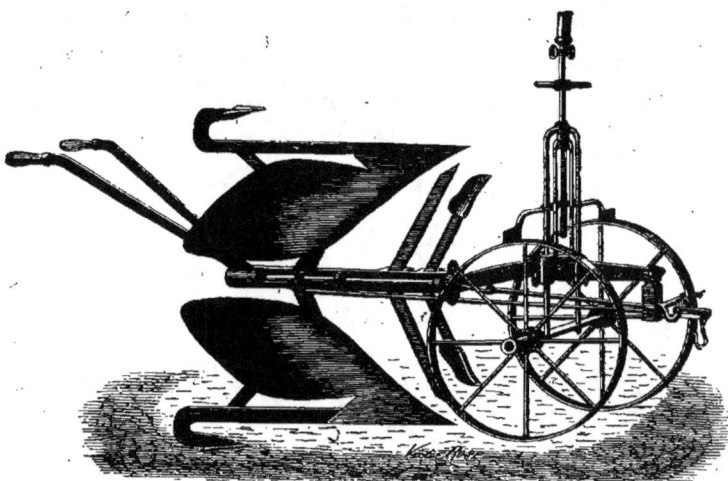

Fig. 18. Charrue défonçeuse.

juillet ou d'août des gazons humides et compacts. Certaines roches au contraire s'effriteront plus facilement au contact brusque de la gelée. Et puis, il n'est pas toujours prudent, dans tous les climats, de se fier à la clémence des mois de février et mars.

Tout est prêt et nous n'avons plus qu'à choisir nos plus beaux sarments, ou nos barbues les mieux enracinées.

Patience ! Il ne s'agit pas encore tout-à-fait de choisir notre outil et planter. A notre époque, la question est un peu plus complexe, nous ne pouvons plus faire les choses aussi simplement que nos aïeux. Il aurait fallu que le père de la vigne oubliât le phylloxera dans l'Arche légendaire, alors nous pourrions opérer la plantation, tandis qu'il nous faut encore bien des pages d'étude.

CHAPITRE II

Que planter? — Exigences du phylloxera. — Vignes françaises non résistantes. — Vignes américaines insuffisantes au point de vue de la qualité des produits. — Union des deux variétés par la greffe.

Reportons-nous par la pensée au printemps 1880. Les rigueurs de l'hiver terrible avaient achevé de détruire ici nos vignes, succombant déjà sous la piqûre du phylloxera. Replanter des cépages français pour les sulfurer nous semblait tout aussi chanceux que recourir aux racines résistantes des vignes américaines. On voudra bien remarquer qu'à ce moment la valeur de l'un et l'autre procédé était vivement discutée.

Nous n'hésitâmes pas longtemps, nous rappelant ce que nous avions vu dans le département de l'Hérault, aux viticulteurs duquel nous sommes heureux de rendre en passant cet hommage : qu'ils ont été nos véritables initiateurs dans la nouvelle méthode.

Depuis lors, la question a fait du chemin. Les planteurs de vignes américaines ne sont plus regardés comme des bêtes curieuses ; chacun se rend compte, plus ou moins exactement, des exigences du phylloxera. Dans les vignobles attaqués depuis longtemps, beaucoup de cultivateurs ont vu périr la vigne française à la seconde, troisième, ou quatrième année de plantation, et cela malgré le sulfure. Ici, il a été employé mal à propos, le terrain était trop mouillé, ou bien encore, le lendemain même de l'opération, une pluie diluvienne ou une gelée de plusieurs semaines sont survenues, les effets en ont été désastreux. Ailleurs, le sol trop compact ne permet pas la diffusion des vapeurs bienfaisantes. Plus loin l'excédant de cailloux a favorisé, au contraire, une évaporation trop rapide, ou bien encore la couche végétale manquait de profondeur.

En un mot, nous le répétons, le sulfure de carbone n'est point une panacée universelle. La vigne américaine non plus, hâtons-nous de le constater ; nous en reparlerons du reste longuement et en toute franchise.

Mais en l'état actuel de la question, nous le disons avec toute la conviction dont nous sommes susceptible : on ne doit pas songer à replanter des cépages français pour les sulfurer. La vigne américaine, qui a donné et donne chaque jour des preuves indéniables de résistance, relative au moins, doit être seule utilisée pour la reconstitution des vignobles.

Il est incontestable qu'aucun des cépages européens connus n'a résisté jusqu'à présent au terrible puceron, pas plus en France, qu'en Espagne, pas plus en Italie qu'en Autriche, en Allemagne qu'en Portugal; on ne peut citer de variété, anciennement cultivée, donnant à cet égard quelque espérance sérieuse.

Avons-nous besoin de rappeler le bruit que faisait récemment, dans le monde viticole, une variété assez répandue dans le département de l'Isère: l'Etraire de l'Adhuys? On en parlait tant qu'au mois de février 1887, la Société régionale de viticulture de Lyon nomma une Commission pour procéder à une enquête sur ce fameux cépage; le résultat fut loin de lui être favorable. Avec la meilleure volonté du monde on ne put accorder à ce grand favori qu'une résistance légèrement supérieure au Gamay beaujolais.... et ce fut tout! (1)

Notre impartialité nous oblige à ajouter que

---

(1) Voir la *Vigne Américaine*, n° d'août, 1887, page 275.

ce fameux Etraire est presque infertile en Beaujolais, défaut qui, vu son raisin plus que médiocre, équivaut peut-être à une qualité.

Conséquence certaine mais inéluctable : l'homme prudent ne peut songer à s'adresser à la seule vigne française. Le sulfure est là, il est vrai ; il a fait ses preuves. Mais en dehors des conditions de sol nécessaires à son emploi, et aussi de cette considération qu'il peut être nuisible à des racines trop jeunes, il est un fait qu'on ne peut nier, c'est que sulfurer tous les ans est une dépense trop grande pour beaucoup de propriétaires. Tous les vins ne se vendent pas au prix de ceux de la Côte-d'Or.

Que reste-t-il alors ? La vigne américaine. Mais justement nous venons de faire allusion à la qualité des vins et nous espérons bien qu'on ne nous fera pas l'injure, à nous possesseurs d'assez bons crûs, de supposer un seul instant que nous pouvons comparer les vins récoltés sur souches américaines à ceux provenant de nos glorieuses variétés indigènes.

Cette idée a certainement frappé les Méridionaux. Eux, qui avaient l'habitude non d'arracher les souches infertiles, comme nous le faisons en Beaujolais, mais de les greffer, ont été conduits tout naturellement à se dire : voilà une racine résistante mais une mauvaise tête, coupons cette tête et remplaçons-la par la meilleure possible. L'aubépine greffée produit bien des poires excellentes.

Ainsi ils ont fait, ainsi plutôt a fait M. le sénateur Gaston Bazille, ce viticulteur éminent, qui, dès 1869, annonçait au Congrès de Beaune que le greffage de la vigne sauverait la viticulture française. La prédiction se réalise. Grâce au greffage, nous boirons encore de bons vins, seulement la greffe de la vigne, telle qu'on la pratique sous des climats plus chauds, avait besoin de subir chez nous quelques modifications. Nous développerons cette question si importante dans le chapitre VIII de cette partie.

CHAPITRE III

Encore un mot des vignes françaises. — Plantations dans les sables. — Les Semis. — Les Hybrides.

Les insecticides et la submersion, dont nous avons parlé, ne sont pas, nous dira-t-on, les seuls procédés mis à notre portée, Si ceux là ne réussissent pas partout, il y a encore :

1º LA PLANTATION DANS LES SABLES

Il en est malheureusement de ce genre de plantation comme de la submersion. Les terrains sableux, dans lesquels la vigne semble braver les piqûres de l'insecte, doivent contenir 60 à 70 % de silice pure. Cette proportion est chose à peu près inconnue ailleurs que sur les bords de la mer. Aigues-Mortes est le centre principal de ce genre très intéressant de culture. Les terrains qui y sont propres valaient avant l'invasion 150 francs l'hectare, ils se vendent aujourd'hui quarante ou cinquante fois plus (1).

2° LES SULFURAGES A PETITES DOSES

Nous ne reviendrons pas sur ces traitements, dont il a été parlé au chapitre V de la première partie de ce volume.

3° LES SEMIS

Nous ne parlons ici que des semis de variétés européennes. Certaines personnes répètent sans cesse que là est le salut de notre viticulture. Il est difficile de comprendre que, par cela seul qu'il aura été semé, un pépin acquerra cette qualité de résistance qui manquait à ses ancêtres.

Nous ne nous arrêterons pas davantage à l'examen de cette singulière théorie. Nous en arriverions facilement à discuter la question de régénérescence de l'arbuste qui nous occupe,

---

(1) Consulter : *Compte-Rendu du Congrès de Bordeaux*, 1882, chez Féret, à Bordeaux et Masson, à Paris. — J.-A. Barral, *Journal de l'Agriculture* (1883). — *Cours complet de Viticulture*, par Foëx, déjà cité.

régénérescence qui causerait fatalement la disparition du phylloxera, lequel serait effet et non pas cause.

Que de feuilles de papier tout cela a déjà fait noircir! N'oublions pas le but pratique que nous avons en vue, ne nous aventurons pas davantage sur le domaine de la discussion.

Une considération qui a bien aussi son importance, c'est que le semis d'une vigne, qui n'est pas variété type, donne ordinairement des produits n'ayant aucun rapport avec le cep qui a fourni les pépins. En outre, il faut plusieurs années, six ou sept au moins, pour connaître le fruit de la nouvelle plante. Voit-on d'ici la figure de l'amateur de semis qui a confié à la terre une graine de chasselas exquis et qui attend des années pour recueillir peut-être du verjus!

4° LES HYBRIDES

Ceux-là proviennent bien aussi de semis, mais de semis obtenus artificiellement en fécondant une fleur de vigne du Nouveau-Monde par une fleur de vigne européenne, ou *vice versa*. On comprend facilement que le produit pourra hériter de la résistance de l'un de ses parents et de la qualité de l'autre.

Aussi est-ce dans cette innombrable famille des hybrides que figurent les producteurs directs, pour la plupart. Chaque année en voit éclore de nouveaux, qui reçoivent au berceau tous les dons de la fée Réclame. Au bout de quelques mois, ils n'ont souvent d'autre mérite que celui d'avoir largement gonflé la bourse de leur heureux obtenteur; puis l'on passe à un autre.

Hâtons-nous d'ajouter que, malgré cette légère critique, nous sommes convaincu que l'avenir est là. Un jour ou l'autre on découvrira le métis que nous n'aurons plus qu'à bouturer simplement comme au bon vieux temps. Seulement quand le découvrira-t-on? Et s'imagine-t-on, de bonne foi, que l'hybride régénérateur des vignobles girondins ou languedociens sera de quelque utilité dans la vallée de la Saône ou de la Loire? A ce point de vue, il en sera fatalement de même des hybrides qu'il en était des anciens cépages.

Nous dirons donc : cherchez l'hybride producteur direct sans reproche. Mais si le sort vous favorise, ce que nous vous souhaitons de tout cœur, si vous dénichez cet oiseau rare qui aura pour lui la résistance et la qualité, ce qui est déjà bien suffisant, n'allez pas lui attribuer le don exorbitant d'être universel. Ce serait déjà bien joli s'il convenait à un département tout entier.

Nous nous occuperons spécialement, du reste, des hybrides, soit porte-greffes, soit producteurs directs, dans les deux chapitres suivants. Cette question est actuellement l'une des plus brûlantes. A côté de quelques semeurs qui n'ont vu que le côté bénéfice commercial, de savants chercheurs tels que MM. Millardet, Ganzin, de Grasset, Couderc, etc., se sont mis à l'œuvre. Leurs louables efforts semblent aboutir, surtout en ce qui concerne les hybrides producteurs directs, nous en parlerons tout à l'heure.

CHAPITRE IV

La culture des vignes américaines s'impose donc. — Pourquoi ? — Influence du sol et du climat : Adaptation. — Classification des variétés intéressant notre région. — Producteurs directs et Porte-greffes. — Avantages et inconvénients.

Pour nous la solution s'impose : on ne peut songer qu'à la vigne américaine pour établir un vignoble nouveau. Cette vérité découle de tout ce que nous venons de dire. Les terrains privilégiés, dans lesquels la vieille vigne française peut encore donner de bons résultats, sont en petit nombre.

Tous les sols ne se prêtent pas à l'emploi du sulfure, tous ne peuvent pas être submergés, très peu contiennent la quantité nécessaire de silice pour les plantations dans les sables ; enfin le nombre de propriétaires assez heureux pour se permettre d'utiliser les sulfo-carbonates est extrêmement limité. Nous avons vu qu'il ne faut pas se leurrer de régénérer nos cépages indigènes en semant leurs propres raisins.

Donc pour la plupart, pour la grande majorité, le salut c'est : la vigne américaine.

Non pas que nous croyions à son immunité complète : le phylloxera vit parfaitement sur ses racines ; ni que nous garantissions sa résistance absolue. Mais c'est déjà bien quelque chose que de constater dans le Midi une durée de quinze à dix-huit ans et de voir chez nous-même des souches de onze ans en parfait état, tandis que chez nos voisins immédiats des vignes replantées, il y a trois ou quatre ans, ont déjà succombé. Et nous espérons bien, vu la grande vigueur de nos ceps, que cette résistance s'affirmera beaucoup plus encore.

La vigne d'Amérique doit être préférée :

1° Parce qu'elle est plus résistante.

2° Parce que son entretien n'est pas plus coûteux que celui d'une ancienne vigne française. Au contraire, puisque les souches sont plus espacées. (Nous ne parlons pas ici, bien entendu, des frais d'établissement, la question sera examinée plus loin.)

3° Parce qu'elle ne semble pas exiger, jusqu'à présent, des fumures plus copieuses que nous ne les donnions avant l'invasion.

4° Parce que sa culture n'annonce pas devoir être différente de celle de ses devancières.

5° Parce qu'au contraire les frais annuels, occasionnés par les insecticides et les fumures complémentaires qu'ils nécessitent, sont beaucoup trop élevés.

INFLUENCE DU SOL ET DU CLIMAT. — ADAPTATION

Grosse question que celle-ci. A-t-elle assez divisé les viticulteurs, il y a quelques années? Les partisans de la vigne française quand même, et ils étaient nombreux, niaient qu'un cep américain pût succomber à autre chose qu'à la piqûre de l'insecte. Nous nous rappelons encore les discussions soulevées au Congrès de Lyon en 1880 et à celui de Bordeaux l'année suivante.

Maintenant que nous jugeons la chose à distance, nous comprenons parfaitement quel puissant intérêt ces conservateurs quand même de nos vieilles espèces avaient à soutenir cette opinion. La non résistance de leurs ennemies était leur condamnation irrévocable, en même temps que le ridicule pour les hommes de progrès qui osaient les patronner.

Il est une chose qu'il faut se hâter de bien établir : c'est que, étant donné un cépage quelconque, européen, asiatique aussi bien qu'américain, il ne peut pas réussir également sous toutes les latitudes. Il en est de même de toutes les plantes. Rappelez-vous les fameuses vignes du Soudan, qui devaient nous sauver parce qu'on les semait chaque année, comme blé ou radis, et demandez au Jardin des Plantes de Montpellier ce que l'on a obtenu de ces végétaux, bien que cultivés dans les serres les plus chaudes. Il est vrai qu'une graine coûtait 5 francs et ne donnait pas naissance à une vigne, mais bien à un Cissus !

Pour en revenir à la vigne, chaque cep a son terrain préféré, son climat aussi. Pourquoi cultive-t-on l'Aramon dans le Languedoc, la Serine à Côte-Rôtie, le Pinot en Bourgogne, etc., etc. ? C'est qu'on a reconnu que chacun de ces cépages était là à sa place et non ailleurs. Personne ne conteste que le Pinot planté en Beaujolais perd ses qualités et réciproquement, le Gamay beaujolais est meilleur chez nous qu'en Bourgogne.

Bien plus nous avons ici je ne sais combien

de sélections de Gamay portant des noms différents. Comment se fait-il que le plant Picard, par exemple, qui réussit si bien sur la côte de Brouilly, ne vaille plus autant pour la commune de Vaux toute voisine et que là le plant Geoffray triomphe ? La réciproque étant vraie.

Nos grands-pères, qui n'étaient pas plus maladroits que nous, ont mis des siècles, peut-être, à trouver cette adaptation de nos cépages aux différents sols et aux différents climats. Est-il bien étonnant que nous soyons mal fixés, après dix ou quinze ans, sur la place qu'il convient de donner à chacun de ces cépages américains, dix fois, vingt fois plus dissemblables entre eux, que ne le sont nos vignes indigènes, nos différentes sélections de Gamay, par exemple?

Nous dirons un mot de l'adaptation au sol de chaque variété lorsque nous la décrirons ci-après. Faisons à ce sujet une observation importante, que nous prierons le lecteur de ne point oublier. Elle vient, du reste, à l'appui de notre thèse.

Il nous arrivera plus d'une fois d'émettre sur une variété une opinion un peu différente de celle des savants maîtres que nous citerons si souvent : MM. Foëx, Champin, Sahut, Bush et Meissner, etc., etc.

Ces messieurs ont fait leurs observations, si remarquables, dans des pays éloignés des nôtres. Telle variété, vigoureuse là-bas, poussera mal dans notre région; tel raisin sera plus foxé chez nous qu'à Montpellier, par exemple. Et ce sera pire quand il s'agira de la maturité ou de la résistance à la gelée.

Nous prions donc d'avoir égard à tout cela. Autant que possible nous avons contrôlé dans notre entourage les quelques observations que nous transcrirons ici. Nous les croyons exactes.....jusqu'à ce qu'une circonstance imprévue vienne nous démontrer qu'elles ne l'étaient pas. Nous ferons volontiers notre *meá culpá*.

CLASSIFICATION DES VARIÉTÉS INTÉRESSANT NOTRE RÉGION

Toutes les vignes américaines, producteurs directs ou porte-greffes, dont nous parlerons, appartiennent à l'une des familles suivantes :

1° Vitis Riparia, caractérisé par des sarments généralement un peu grêles, très développés, à mérithalles (1) allongés, glabres ou velus. — Feuilles en cœur, souvent dentelées. — Vrilles discontinues. — Nous citerons comme type un Riparia lui-même.

2° Vitis Æstivalis : vigueur moyenne. — Sarments généralement gros et de couleur foncée. — Bourgeonnement rouge vif, très caractéristique. — Feuilles épaisses ordinairement lobées. — Raisins non foxés. — Graines petites, presque toujours pruinées. — Vrilles très dures et discontinues. — Type : le Jacquez.

3° Vitis Labrusca : vigueur moyenne. — Sarments gros. — Bourgeonnement rosé. — Feuilles revêtues à la face inférieure d'un duvet blanc, quelquefois cuivré. — Grappes à gros grains d'une saveur spéciale, rappelant celle de la framboise ou du cassis, c'est ce qu'on appelle le goût foxé: pellicule épaisse, vrilles continues. — Type : Isabelle.

4° Vignes d'origines inconnues. Ce sont celles qui se rattachent plus ou moins à l'un des groupes classés. Type : Solonis.

5° Hybrides ; ils proviennent du croisement d'une vigne américaine avec une vigne euro-

(1) Intervalle entre deux nœuds.

péenne (Vitis vinifera). Type : Cornucopia.

On trouvera, immédiatement, après le nom de chaque cépage, l'indication de celui de ces groupes auquel il se rapporte.

PRODUCTEURS DIRECTS ET PORTE-GREFFES

Cette classification étant faite, il nous reste à nous occuper de celle établie par la pratique ; nous voulons parler de la grande division des vignes américaines en producteurs directs et porte-greffes.

Les producteurs directs sont des cépages le plus souvent obtenus par hybridation et destinés à donner des raisins, de bons raisins cela va sans dire, et beaucoup de raisins, sans le secours de la greffe.

Nous avons déjà fait connaître en partie notre opinion sur ce sujet. Mais tous les producteurs directs n'appartiennent pas à cette famille des hybrides. Les Æstivalis, les vignes d'origine inconnue, en renferment un certain nombre. Les uns ou les autres sont-ils dignes d'intérêt ? Médiocrement, à notre avis, et nous avouerons même que nous ne pouvons comprendre, qu'en l'état actuel de la question, on songe à planter de ces nouveaux cépages partout où l'on récolte de grands crûs, voire de grands ordinaires.

La qualité des meilleurs producteurs directs laisse encore beaucoup à désirer, la résistance de ceux qui appartiennent à la famille des hybrides est très problématique, et ce sont ceux-là dont le raisin est le moins mauvais.

Eh bien! croirait-on que, dans ces conditions, neuf propriétaires sur dix n'abordent la question viticulture qu'à ce seul point de vue? Le paysan a tellement horreur des innovations, on l'a tellement monté contre cette greffe, qui doit lui prendre tout son temps, modifier ses crûs, lui coûter les écus qu'il n'a plus, qu'il a su faire partager sa crainte à son propriétaire, à défaut du vin disparu.

Et voilà pourquoi il nous est arrivé d'entendre ceux qui récoltent les plus grands vins du monde s'inquiéter des producteurs directs. Nous avouons n'avoir pas été toujours, à ce moment, maître de notre indignation.

Après cela, comme tous ne récoltent pas ces produits glorieux, et que nous nous adressons aussi bien aux uns qu'aux autres, nous nous occuperons quand même tout à l'heure de ces fameux producteurs directs qui font tant de bruit, trop à notre avis. Le nombre de ceux qui font des vins courants est si grand que nous comprenons, mais pour ceux-là seulement, l'intérêt qui s'attache à cette question.

Pour les autres, c'est-à-dire ceux qui produisent des crûs plus ou moins classés, c'est une autre affaire.

La vigne greffée doit seule les intéresser, par elle ils maintiendront la qualité, la quantité aussi, c'est-à-dire feront œuvre de patriotisme et de bonne administration.

La greffe en effet ne modifie rien au bouquet de nos vins. Nous ne répéterons pas ici qu'un poirier greffé sur coignassier, ou un pêcher sur amandier, ne donne ni des coings, ni des amandes, mais nous citerons les vins déjà obtenus de souches greffées à l'Hermitage, à Côte-Rôtie ; sur nos côteaux les plus réputés du Beaujolais, notamment Villié-Morgon et Brouilly. Les dégustateurs les plus difficiles, réunis à Beaune, à Belleville, à Lyon, à Vienne, et tout récemment à Paris, ont constaté que ces vins étaient aussi bons, sinon meilleurs, que ceux provenant de vignes *de même âge* non greffées (1).

Voilà pour la qualité.

---

(1) Voir *Bulletin n° 2 de la Société Vigneronne de Beaune*, année 1886, page 4. — *La Vigne américaine*,

Quant à la résistance du pied greffé, comme il provient de variétés anciennement connues en Amérique, étudiées chez nous bien avant les producteurs directs, elle ne fait plus de doute, d'une façon relative au moins, nous le répétons, pour tous les observateurs de bonne foi. Reste donc la durée de la greffe elle-même, sa résistance aux gelées, toutes questions qui trouveront leur place au chapitre du greffage.

Résumé. — Nous croyons qu'il ne faut plus planter que de la vigne américaine. Qu'il faut aller prudemment avec les producteurs directs encore mal connus, et cela même dans les pays de production abondante et de qualité médiocre. Conséquemment la vigne greffée doit avoir toutes nos préférences.

Faisons cependant nos réserves au sujet des hybrides producteurs directs dont nous avons parlé à la fin du chapitre III et dont quelques-uns, au moment où nous écrivons, semblent se recommander par des qualités tout à fait

1886, n° de février, pages 56 à 62, et n° de décembre, pages 406 et 407 ; et aussi le *Compte-rendu des Réunions de Vienne*, par C. Silvestre, Lyon, imprimerie Waltener et Cⁱᵉ, 1888.

exceptionnelles, non-seulement au point de vue de la résistance, ce qui est déjà beaucoup, mais même au point de vue de la qualité des produits. M. G. Couderc, d'Aubenas, a obtenu notamment, par l'union des diverses variétés européennes et américaines, toute une série des plus intéressantes. Il garantit dès aujourd'hui la vigueur, la résistance au phylloxera, même quelquefois au mildew, et constate chez quelques-uns la bonne qualité du raisin.

Souhaitons que l'avenir ne détruise pas cet espoir, toutefois imitons le savant chercheur de l'Ardèche, qui a la prudence et la probité de qualifier lui-même ses gains si chèrement obtenus de « Producteurs directs *à l'étude* ». C'est du moins sous cette désignation qu'ils sont inscrits dans le catalogue que M. Couderc nous a adressé au printemps 1889.

CHAPITRE V

Producteurs directs. — Variétés les plus connues que l'on peut essayer dans la région. — Variétés plus nouvelles. — Un mot de celles de l'avenir.

Observation. — Nous placerons les cépages dans leur ordre alphabétique.

En ce qui concerne la *maturité*, nous suivrons l'ingénieuse méthode du savant professeur V. Pulliat : les raisins précoces sont désignés par un O ; ceux mûrissant en même temps que le Chasselas doré sont indiqués comme de première époque ; ceux mûrissant douze à quinze jours plus tard, comme la Mondeuse, sont donnés comme de deuxième époque, et ainsi de suite jusqu'à la quatrième époque.

§ Ier. — Cépages a jus rouge

Brant (hybride).

Les jeunes feuilles et les jeunes pousses sont caractérisées par une couleur brune qui distingue ce cépage du Canada, auquel il ressemble beaucoup, surtout quand les pampres ont atteint un certain développement. Il débourre de bonne heure.

Souche assez vigoureuse, peu fertile. — *Grappe* moyenne, parfois ailée. — *Grain* noir, moyen, peu foxé.

Maturité. — Première époque.

Résistance au phylloxera. — Elle paraît au moins égale, sinon supérieure, à celle de l'Othello ou du Canada. Le Brant semble préférer les terrains profonds et humides des plaines à ceux des coteaux.

Le mildew ne paraît pas l'atteindre.

Résistance à la gelée (1). — Nous lui avons attribué le coefficient 3.

---

(1) Sous cette désignation nous donnons le résultat d'observations faites par nous depuis plusieurs années, notamment à la suite des funestes matinées des 22 et 26 avril 1884, où le thermomètre descendit à 4° en Beaujolais, altitude d'environ 300 mètres, exposition sur un plateau sans orientation définie. Les jeunes sarments étaient longs de plusieurs centimètres.

Le coefficient 1 est attribué aux variétés qui se

Canada (hybride).

Jeunes pousses grêles enveloppées, ainsi que les feuilles naissantes, dans un tissu cotonneux. Elles sont d'abord légèrement rosées, puis elles passent au vert pâle presque blanc. Débourre plutôt encore que le précédent.

Souche de vigueur médiocre, surtout dans les sols maigres, assez peu fertile. — *Grappe* moyenne, parfois ailée. — *Grain* noir, assez gros, non foxé, d'une saveur franche, ressemblant d'autant plus à celle du Gamay que la pulpe n'a pas la consistance gélatineuse spéciale aux raisins américains.

Maturité. — Première époque.

Résistance au phylloxera. — Beaucoup de viticulteurs ont espéré, nous des premiers, que le Canada, qui est en somme un bon

sont le mieux comportées, 2 à celles qui ont moins bien résisté, et ainsi de suite, le chiffre 5 s'appliquant aux cépages aussi éprouvés que le Gamay.

Ces résultats ont été constatés par M. Léger, ingénieur, délégué spécial de la *Société d'Agriculture Sciences et Arts* de Lyon (voir *Lyon scientifique*, 1884 n° 3).

Fig. 19. — Canada.

Fig. 20. — Canada.

raisin, produisant un vin de qualité, offrirait une résistance sérieuse aux piqûres de l'insecte. Malheureusement, il ne nous semble pas répondre à la bonne opinion que nous en avions. Dans les terrains peu profonds surtout, il paraît très sensible aux attaques du phylloxera; au bout de quelques années, chez nous, sa vigueur ne semble guère dépasser celle des vignes indigènes non greffées, plantées en même temps que lui.

Sensiblement atteint par le mildew.

Résistance à la gelée. — Elle est représentée seulement par le coefficient 4.

Cornucopia (hybride).

D'un brun foncé lorsqu'il débourre, le *bourgeon* du Cornucopia passe ensuite au rose, il est recouvert d'un léger duvet, puis les feuilles s'échappent, d'un beau vert foncé et brillant, avec nervures rouges, elles sont peu lobées. — Très précoce au débourrage.

Souche vigoureuse, fertile. — *Grappe* moyenne ou petite, quelquefois ailée. — *Grains* noirs, peu serrés, moyens, légèrement pruinés, un peu foxés. Ils ont le grave inconvénient de

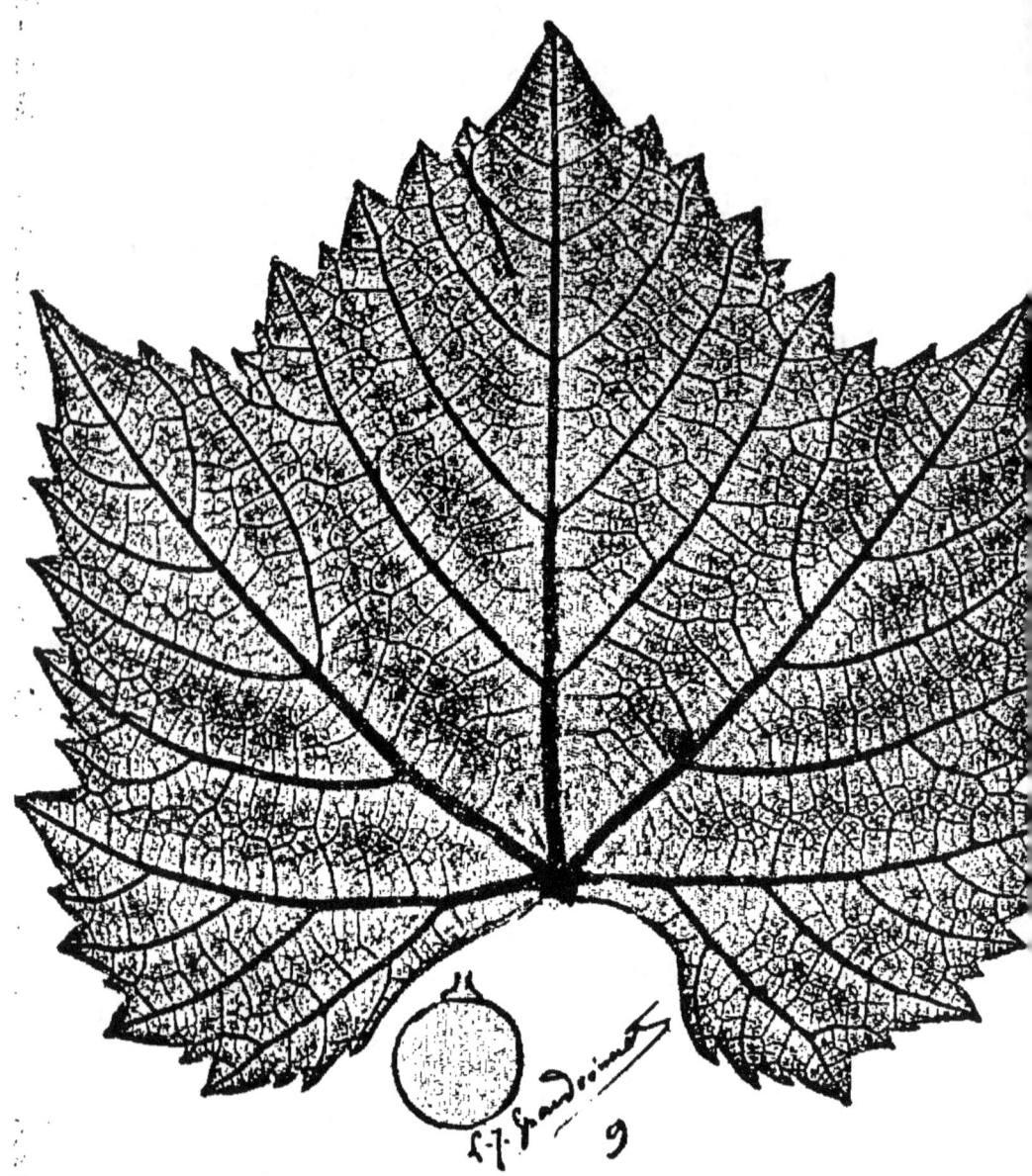

Fig. 21. — Cornucopia.

se fendre facilement aussitôt après la véraison.

Maturité. — Première époque.

Résistance au phylloxera. — Encore un déboire dans nos terres sèches et peu profondes des coteaux. Le Cornucopia ne s'y comporte guère mieux que le Canada et à peine aussi bien que le Brant. En revanche les sols profonds, surtout s'ils sont frais, semblent lui convenir assez bien.

Réfractaire au mildew.

Résistance à la gelée. — Médiocre, il n'obtient dans notre classification que le n° 4.

Cynthiana (Æstivalis).

Les *bourgeons* du Cynthiana, appelé aussi Norton ou Norton's Virginia, sont petits, d'un roux doré, passant bientôt à la teinte pourpre; la teinte dorée subsistera à la face inférieure de la feuille développée, leur face supérieure sera à ce moment vert foncé, un peu gaufrée. — Débourre assez tardivement.

Souche vigoureuse dans le Midi, mais non dans nos terrains de coteaux, surtout s'ils sont

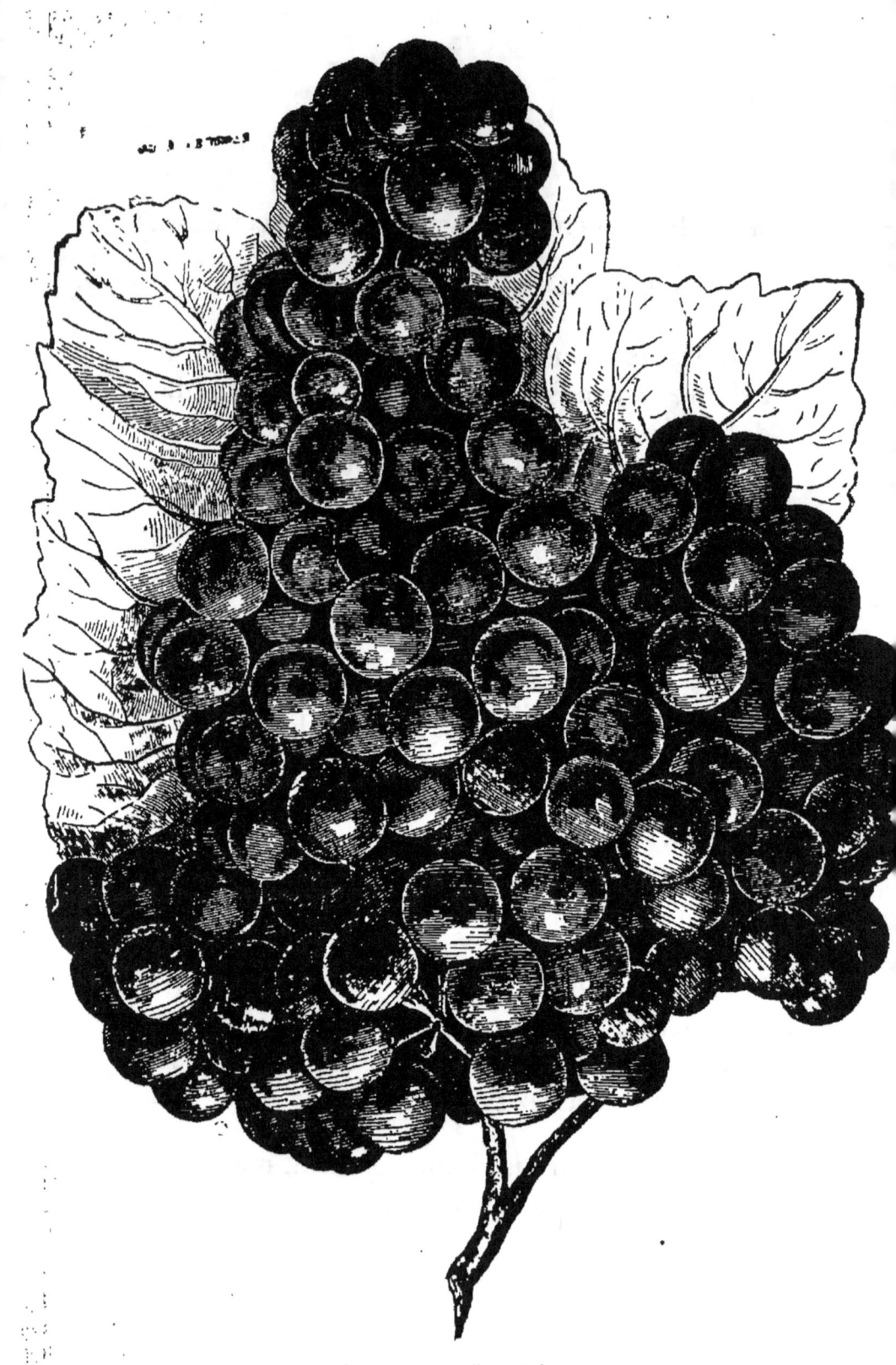

Fig. 22. — Cynthiana.

granitiques et peu profonds. Peu fertile, reprend très difficilement de bouture. *Grappe* moyenne, souvent petite, même insignifiante. *Grains* clairsemés, petits, à pulpe épaisse et d'un noir foncé, pas foxé.

Après son manque de fertilité, le plus grand reproche que nous faisons à ce cépage, c'est de produire un vin tellement riche en couleur, on pourrait dire tellement épais, qu'il est nécessaire de l'étendre du tiers ou de la moitié de son volume d'eau.

Il ouvre ainsi la porte aux procédés pharmaceutiques et, bien que M. Champin le regarde comme le meilleur des colorants, peut-être cet adjectif seul suffit-il à nous faire voir le Cynthiana sous un triste jour.

Le mildew ne paraît pas l'atteindre.

Maturité. — Troisième époque.

Résistance au phylloxera. — Elle paraît sérieuse, mais nous répétons que ce cépage s'accommode mal de nos terrains granitiques, il végète très vigoureusement au contraire dans les terres rouges avec cailloux siliceux, d'après M. Foëx.

Résistance à la gelée. — Nous lui avons décerné le n° 2.

Jacquez (Æstivalis).

On s'étonnera peut-être de le voir figurer parmi les producteurs directs, alors que beaucoup le regardent comme un excellent porte-greffe, nous avouons ne pas comprendre pourquoi ? Le Jacquez est, en effet, très sujet aux maladies cryptogamiques : anthracnose, mildew, etc. Dans nos pays il reprend, en outre, très difficilement de bouture, comme les Æstivalis en général, c'est là un grand inconvénient pour un porte-greffe. Que l'on soit bien convaincu que, si dans le Midi on l'emploie en cette dernière qualité, c'est qu'il a fallu songer à utiliser des souches infertiles ; beaucoup sont dans ce cas, paraît-il.

Débourrage assez tardif.

La première pousse de ce cépage est roux doré, passant bientôt au carmin foncé. Les feuilles, qui s'épanouissent de bonne heure, laissent vite apercevoir les petites grappes de fleurs d'un rouge brun; ces feuilles s'étalent bientôt grandes, lobées, d'un beau vert, surtout à la face supérieure.

Souche vigoureuse, de fertilité irrégulière, les variétés en sont probablement nombreuses quoique peu distinctes. — *Grappe* grosse,

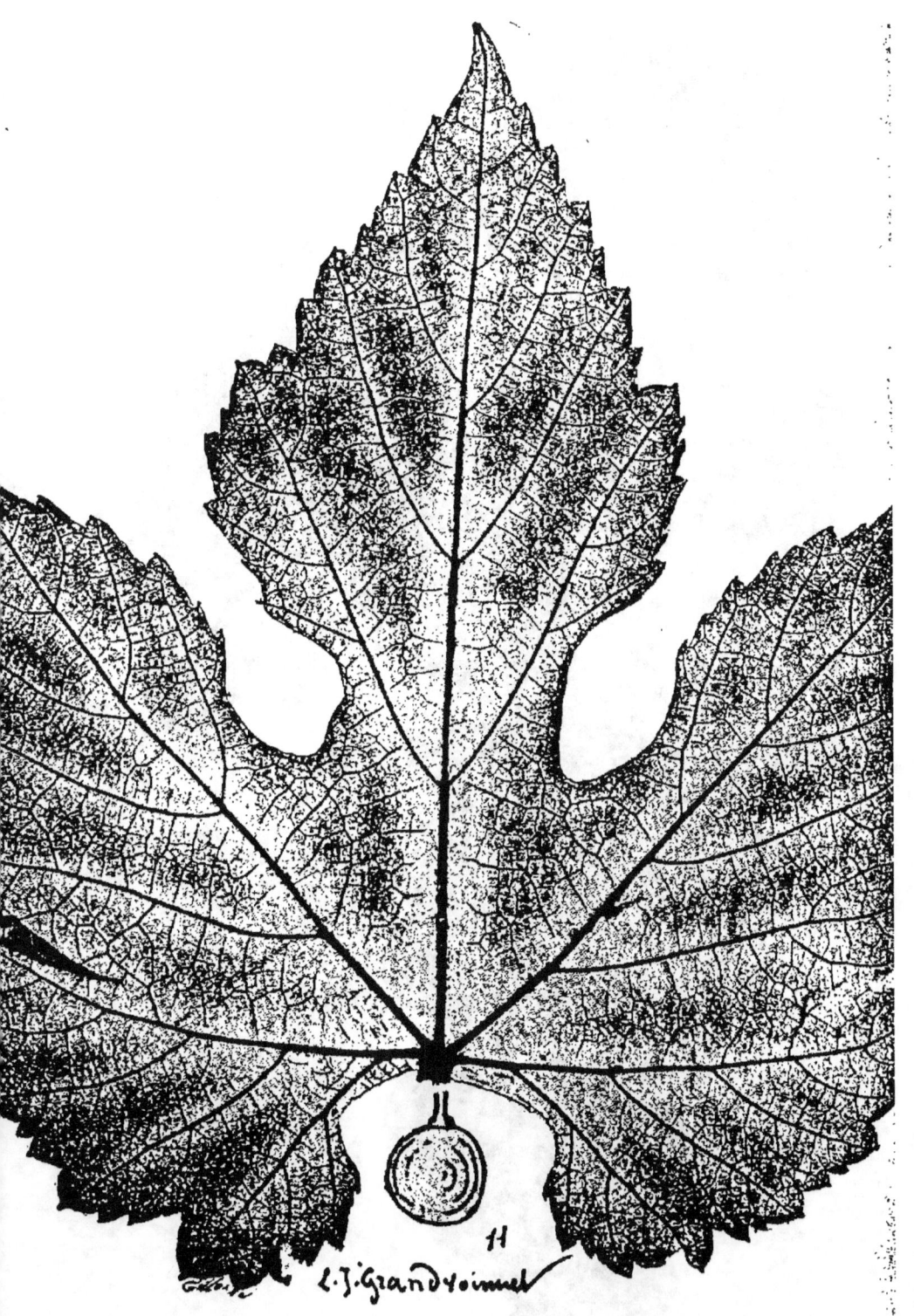

Fig. 23. — Jacquez.

allongée, ordinairement ailée. — *Grain* moyen, pruiné, noir foncé, à jus très coloré, saveur assez franche.

Maturité. — Troisième époque; trop tardive par conséquent pour la zone au nord de Valence.

Résistance au phylloxera. — Elle paraît bonne dans le Midi, surtout dans les terres profondes, riches et bien saines, à sous-sol non calcaire. Nous sommes parfaitement de l'avis de M. Foëx lorsqu'il limite sa culture à la région méditerranéenne ; « à peine, dit-il, a-t-on pu en obtenir quelques résultats dans la Gironde, sur les hauts coteaux de Saint-Emilion. » (1)

Résistance à la gelée. — Le numéro 5, qui lui est échu, prouve une fois de plus les inconvénients du Jacquez cultivé dans notre région. Que sera-ce si nous parlons du mildew, dont il annonce, pour ainsi dire, l'invasion ? A cet égard c'est avec l'Othello, que nous décrirons bientôt, notre baromètre de mauvais augure.

(1) G. Foëx. *Cours complet de viticulture*, déjà cité, 1886.

Herbemont (Æstivalis).

Tout ce que nous avons dit du précédent s'applique à l'Herbemont, qu'on pourrait qualifier justement de Jacquez amélioré, donnant des produits supérieurs, d'une plus grande finesse.

Moins sujet aux maladies cryptogamiques, il paraît prospérer sous des latitudes plus froides et dans les terrains moins exclusivement riches et profonds que le Jacquez; il est également plus résistants aux atteintes du mildew (voir figure page 114).

Othello (hybride).

Que d'illusions probablement détruites ! Ce cépage, à notre avis, et à celui de beaucoup de viticulteurs, est loin de mériter les éloges dithyrambiques qu'en ont fait les divers *prix-courants*. Il a cependant des qualités qu'on a tort de méconnaître. Sa vigueur et sa fertilité sont tout à fait remarquables, mais... nous allons voir que cela ne suffit pas et qu'on peut vraiment dire de lui qu'il ne mérite :

> Ni cet excès d'honneur,
> Ni cette indignité.

Fig. 25. — Herbemont.

Le bourgeonnement roux de ce joli cépage s'éclaircit à peine pour s'entr'ouvrir que l'on voit apparaître les fleurs semblables à de véritables boutons de roses. Bien vite les feuilles s'étalent sur de beaux sarments luisants, d'une couleur blanc jaunâtre, à nœuds peu visibles et à mérithalles allongés. Ces feuilles dentelées, d'un beau vert foncé à la face supérieure, sont revêtues à la face inférieure d'un léger duvet blanc. Le port de la plante en bonne santé a quelque chose de réjouissant. L'Othello débourre tardivement.

Souche vigoureuse, très fertile. — *Grappe* grosse, ordinairement ailée. — *Grain* gros, ou plus que moyen, noir violet, admirablement pruiné, un peu pulpeux, à jus rouge coloré, mais légèrement foxé.

Maturité. — Première époque, ou plutôt entre la première et la deuxième.

Résistance au phylloxera. — C'est là que le bât le blesse, cet ancien favori parmi les producteurs directs, surtout dans la région pour laquelle nous écrivons. Disons-le franchement, sa grande vigueur diminue bien vite dans les terres peu profondes; nous en savons qui ont

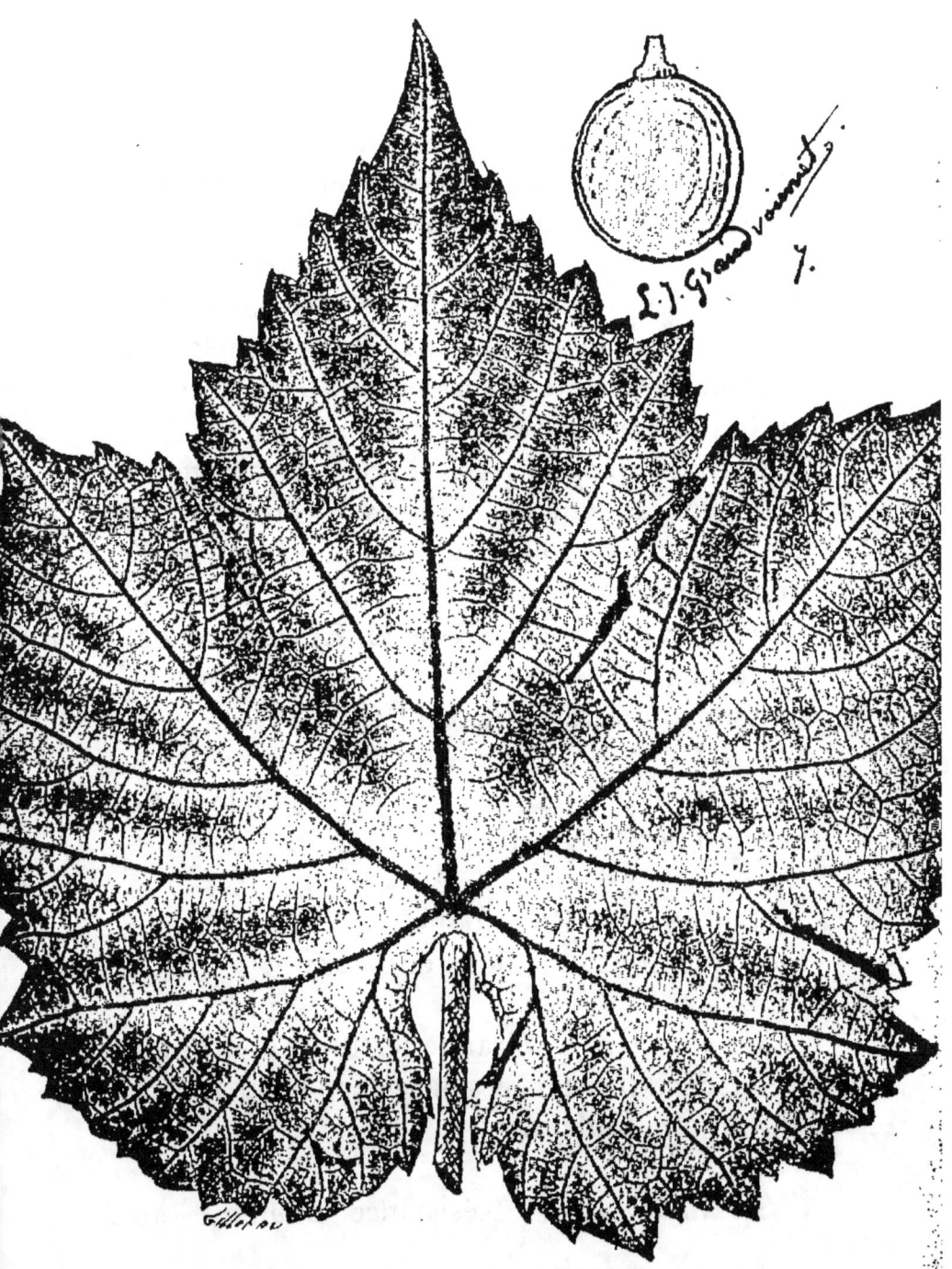

Fig. 26. — Othello.

fait plus que faiblir. On lui accorde cependant, et nous le croyons bien volontiers, de résister assez bien dans les terrains riches, auxquels nous décernons en ce cas l'épithète de privilégiés. Ne va-t-on pas jusqu'à prétendre, il y a de si mauvaises langues, que l'Othello est surtout admirable quand on l'a greffé, bien en cachette, sur racines résistantes !

Et puis que sera-ce, si nous l'envisageons au point de vue du mildew ! Sur près de 500 variétés de tous pays, que nous cultivons, deux sont atteintes plusieurs jours avant les autres : le Jacquez et l'Othello. En cela même, ces cépages avertisseurs ont, nous le reconnaissons, une véritable utilité.

Résistance à la gelée. — Ici il triomphe avec un beau numéro 1.

Résumé. — Ce producteur direct mérite bien que nous revenions encore sur :

Ses qualités. — Grande fertilité, bouturage très facile, résistance à la gelée, beau raisin, vin de jolie couleur.

Ses défauts. — Résistance douteuse au

phylloxera, non douteuse, hélas ! au mildew, qui le dévore. Vin peu alcoolique, plat, légèrement foxé.

Et nous dirons à tous ceux qui récoltent des vins de qualité au-dessus du médiocre : « *limitez vos plantations d'Othello.* » Et à tous ceux qui font de bons vins : « *ne plantez pas d'Othello, si ce n'est à titre de curiosité, et aussi pour voir si le mildew arrive.* »

Sénasqua (hybride).

Encore un cépage dont on s'est beaucoup occupé, surtout dans la région lyonnaise. Si nous qualifiions naguère l'Herbemont de Jacquez amélioré, nous nous permettons de dire que le Sénasqua peut être considéré comme un Othello amoindri.

La souche, vigoureuse dans certaines vallées, fait peine à voir sur nos coteaux moins fertiles. — *Sa grappe* est grosse. — *Son grain*, d'un aspect et d'une saveur presque aussi agréable que celui de l'Othello, donne un jus moins noir. Il débourre assez tardivement.

Maturité. — Deuxième époque.

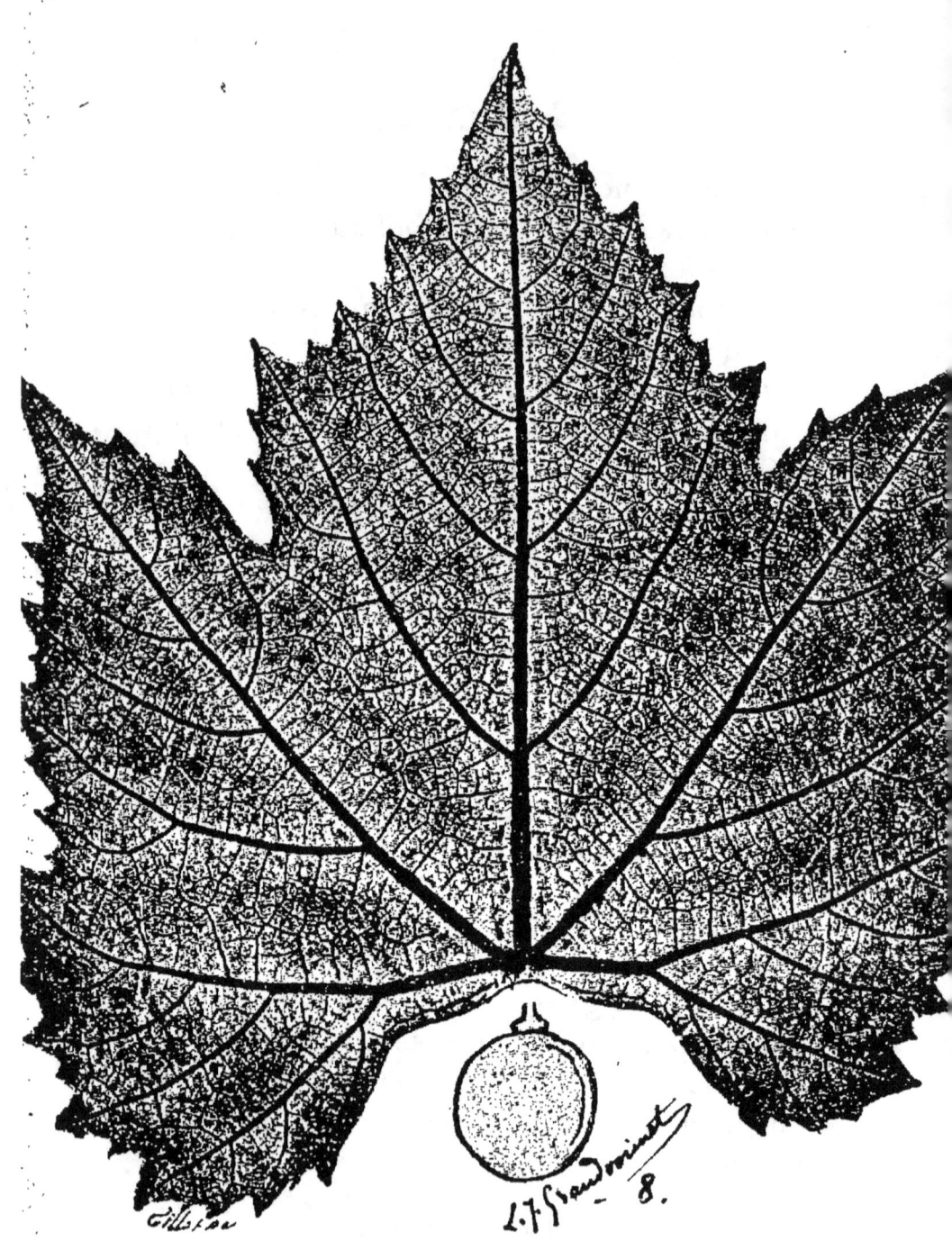

Fig. 27. — Senasqua.

La résistance du Sénasqua au phylloxera équivaut à peine, croyons-nous, à celle de l'Othello. *Sa résistance à la gelée* est à peu près identique. Il se comporte assez bien vis à vis du mildew.

Bien d'autres producteurs directs à jus rouge pourraient encore figurer ici comme étant cultivés depuis assez longtemps ; ils n'offrent à vrai dire qu'un intérêt secondaire. Citons cependant :

L'Eumélan (hybride). — De maturité précoce, assez vigoureux. — Beau raisin, peu foxé. Cépage de production médiocre, difficile sur le choix des terrains.

Le Rulander (æstivalis). — Souche vigoureuse, raisin moyen, à grain violet, jus peu coloré mais non foxé. Les méridionaux le disent résistant mal au phylloxera, il se comporte bien cependant dans nos sols maigres.

Maturité. — Deuxième époque.

L'Elsimburg (æstivalis). — Souche vigoureuse, fertile, bon raisin se conservant admirablement, malheureusement son grain trop

Fig. 28. — Senasqua.

petit ne permet pas d'espérer qu'on puisse l'utiliser pour la cuve.

§ II. — CÉPAGES BLANCS

Elvira (hybride).

L'Elvira, dans la zone que nous habitons, pourrait tout aussi bien figurer parmi les porte-greffes, avec plus de raison peut-être, que parmi les producteurs directs. Son vin est en effet de qualité très médiocre, rappelant le jus de l'ananas fermenté ; en revanche, il produit de très bonne eau-de-vie.

Ses petits bourgeons très nombreux passent vite du brun clair au blanc. Les boutons à fleurs se montrent de suite; ils sont verts, tachetés de roux. Les jeunes feuilles duveteuses deviennent, en s'épanouissant, d'un vert foncé, épaisses, et poilues à la face inférieure ; elles sont grandes et d'un aspect vigoureux tout à fait caractéristique. Il débourre assez hâtivement.

Souche vigoureuse, assez fertile, très fertile même si elle est cultivée en hautains. — *Sarments* gros à moëlle abondante. — *Grappe* petite, sphérique. — *Grains* moyens, verts, serrés, se fendant facilement, la pulpe est charnue et visqueuse, le goût foxé et framboisé.

Maturité.—Entre la première et la deuxième époque.

Résistance au phylloxera. — Bien que sa racine grasse, semblable à celle de l'asperge, soit constamment couverte de pucerons, l'Elvira résiste assez bien à leurs piqûres. Nous n'en donnerons pour preuve que les ceps existant au Champ d'Expériences de St-Germain-au-Mont-d'Or. Leur mort est célébrée chaque année par les américanophobes, ils sont plantés dans une véritable phylloxérière et sont cependant très-vivants, après huit années au moins de plantation. Ce cépage s'accommode assez bien de tous les terrains.

Le mildew n'a pas d'action sur lui, mais sous l'influence de la sécheresse son beau feuillage jaunit et tombe facilement.

Résistance à la gelée. — Il est classé par nous sous le n° 3.

Noah(**Riparia** d'après MM. Bush et Meissner.
hybride d'après M. Foëx)

Le meilleur, sans contredit, ou plutôt le moins inférieur des producteurs directs blancs.

Tout ce que nous avons dit de l'Elvira comme producteur direct ou comme porte-greffe s'applique sans exception au Noah, mais en beaucoup mieux ; sa vigueur, sa fertilité sont plus grandes, son raisin plus gros, moins foxé, son vin bien préférable, ainsi que l'eau-de-vie qu'on en obtient.

Le bourgeonnement est à peu près semblable à celui de l'Elvira, mais la feuille est encore plus grande, plus allongée, moins épaisse, de couleur un peu plus claire, les sarments sont plus longs et d'une couleur plus foncée. Il débourre assez hâtivement.

Souche très vigoureuse et fertile. — *Grappe* assez grosse, rarement ailée. — *Grains* peu serrés, moyens, vert clair, assez pulpeux mais peu foxés, plutôt légèrement musqués, ne se fendant pas.

Maturité. — Deuxième époque.

Résistance au phylloxera. — Elle est pour nous aussi bonne que celle des variétés les plus recommandées. A notre avis, le Noah donne des vins blancs acceptables et de l'eau-de-vie pleine de finesse : c'est, en outre, un excellent porte-greffe.

Nous savons que dans plusieurs localités ceux qui le cultivent se louent peu de ce cépage. Ce qui prouve, une fois de plus, que la question d'adaptation prime toutes les autres.

Son feuillage est peu atteint par le mildew, mais nous devons dire que chez nous son fruit en souffre sensiblement.

Résistance à la gelée. — Très bonne, elle est représentée par le coefficient 1.

Triumph (hybride).

Nous ne croyons pas ce cépage appelé à rendre de grands services dans notre région ; il y est introduit depuis peu de temps, il est vrai, mais son fruit est moins abondant et moins gros que dans la région méditerranéenne, où nous l'avons vu magnifique.

Les bourgeons de cette variété sont assez gros, recouverts d'un duvet marron ; les feuilles sont minces, dentelées, légèrement bordées de rouge, gaufrées, à nervures rouges à la base. Dans le premier âge, leur face supérieure est d'une couleur bronze doré tout à fait caractéristique. Il débourre assez hâtivement.

Souche assez vigoureuse, médiocrement fertile, sarments longs et grêles. — *Grappes* moyennes chez nous, mais surtout rares. — *Grains* peu serrés, moyens, se colorant mieux au soleil que le Noah et l'Elvira, éclatant facilement, assez foxés.

Maturité. — Troisième époque.

Résistance au phylloxera. — Elle est douteuse, si nous en jugeons par la végétation peu remarquable de ce cépage. Dans le Midi même, où son fruit est le plus gros raisin blanc, sans contredit, de provenance américaine, M. Foëx semble douter de sa bonne tenue vis-à-vis l'insecte. L'essayer avec prudence (1).

Résistance à la gelée. — Coefficient 3.

§ III. — Cépages roses

Delaware (hybride).

Le raisin du Delaware est de bonne qualité, il donne un vin semblable au Madère; c'est cer-

---

(1) Notre appréciation sur ce cépage prouve combien nous avions raison de subordonner la tenue et le rendement de chaque variété aux considérations cli-

tainement le meilleur des raisins provenant de cépages américains anciennement connus ; à ce titre on devrait le cultiver dans notre région où il semble prospérer ; malheureusement il produit peu à la taille courte ; il est probable que la taille longue lui conviendrait mieux.

Le bourgeonnement est brun, passant rapidement au rouge foncé ; les premières fleurs en boutons apparaissent rosées. Les feuilles qui se développent restent assez petites, d'une couleur verte peu foncée, le bois aoûté est de couleur sombre. Il débourre assez tôt.

Souche médiocrement vigoureuse et assez peu fertile. — *Grappe* petite, peu ailée. — *Grain* assez petit, serré, d'un rose tirant sur le violet, peu pulpeux, pas foxé, très sucré.

Maturité. — Première époque.

Résistance au phylloxera. — Elle semble assez sérieuse et le Delaware, surtout s'il est cultivé dans un sol profond, nous paraît appelé à rendre quelques services, comme raisin de table

matériques et géologiques dans lesquelles nous nous trouvons. Voir en effet le remarquable *Catalogue descriptif*, n° 18 de M. Aimé Champin, 1887, imprimé chez Waltener et Cⁱᵉ, à Lyon.

au moins, car il se conserve bien, mais sa souche donne un faible produit.

Il paraît peu craindre le mildew.

Résistance à la gelée. — Il s'est assez bien comporté pour que nous lui ayons attribué le chiffre 2.

VARIÉTÉS PLUS NOUVELLES

Nous suivrons toujours l'ordre alphabétique.

Black-Défiance (hybride).

Peu connu, qualifié de splendide par les Américains, il semble chez nous productif et de vigueur moyenne ; son raisin est noir, assez bon, mais mûrit à la troisième époque, ce qui, nous le répétons, est, à notre avis, un obstacle presque insurmontable à sa multiplication dans nos vignobles du centre.

Sa résistance est à étudier soigneusement.

Duchess (hybride).

Raisin blanc peu connu, malheureusement, car il est recommandable, ainsi que l'annonçaient les Américains ; il paraît assez vigoureux. Est-il aussi résistant ? A étudier.

Huntingdon (hybride).

M. Champin l'a qualifié : « le plus précoce des producteurs directs, se vendangeant au mois d'août dans la Drôme. Son vin est franc de goût et très coloré. »

Nous ajouterons que chez nous ce cépage donne beaucoup de raisins mais petits, à grains serrés, acide, sans goût foxé, mais sans qualité. Il nous a donné un vin moins que médiocre.

L'Huntingdon débourre assez tard, mûrit tout-à-fait à la première époque, semble vigoureux dans tous les terrains et pourrait bien être appelé à rendre des services, surtout comme porte-greffe, à côté du Rupestris. Semble tout-à-fait réfractaire au mildew.

Secretary (hybride).

Le Secretary ne nous est guère mieux connu que les précédents ; dans nos pépinières et celles de nos voisins, sa vigueur, son aspect surtout, laissent à désirer (1). Sa grappe est

(1) Voir toutefois ce qu'en dit M. Champin dans son catalogue.

assez grosse, ailée ; ses grains noirs, peu serrés, pruinés, à jus assez abondant, sont musqués. (Il proviendrait, d'après MM. Bush et Meissner, du croisement du Clinton avec le Muscat de Hambourg). Sa maturité est assez précoce. A étudier.

Saint-Sauveur (semis de Jacquez).

Nous fûmes des premiers auxquels M. Gaston Bazille, l'éminent viticulteur, fit faire la connaissance de ce beau cépage qu'il avait obtenu de semis. C'était à la fin d'août 1883 et nous voyons encore ce plantureux Jacquez, un peu différent de celui que nous connaissions, couvert de belles grappes, les premières qu'il portait. Nous fûmes autorisé à déguster le raisin qui nous parut bon, sans goût foxé.

Ce semis n'était pas encore baptisé, nous proposâmes de l'appeler : le sénateur Gaston Bazille, mais M. Planchon, ou M. Lichtenstein, qui nous accompagnaient, proposèrent le nom de Saint-Sauveur qui rappelait à la fois la propriété de Saint-Sauveur où il avait vu le jour, et faisait prévoir les hautes destinées que nous lui souhaitions.

Peu de jours après, son heureux obtenteur

voulait bien nous faire parvenir une des premières grappes, alors parfaitement mûre ; cette grappe dégustée avec attention par un petit cénacle de gourmets, réunis à cet effet, fut trouvée réellement bonne.

Qui nous eût dit alors que quatre ou cinq ans plus tard il paraîtrait, sur le marché des vignes, entouré de tant de gloire !

Eh bien ! dussions-nous être taxé de pessimisme, nous qui avons un peu tenu cet enfant, sitôt illustre, sur les fonts baptismaux, que nous déclarons franchement ne pas comprendre cet enthousiasme..... avant la lettre.

Qui peut dire comment se comportera le Saint-Sauveur sous notre climat ? Il est certainement précoce, mûrit en même temps que le Gamay, son fruit est bon, beau, mais tout cela sera-t-il vrai pour notre région ? Le Jacquez, son père, s'y comporte assez mal, poussant peu sur nos côtes, très sujet aux maladies cryptogamiques dans nos plaines, que fera chez nous son jeune fils ?

Ces nombreux points d'interrogations ne nous ont point empêché de le faire entrer dans nos pépinières, mais comment savoir le rang qu'il y tiendra ? Nous sommes du reste à l'aise pour l'observer en toute franchise, car pour nous, comme vous probablement, chers lecteurs, ce n'est pas le cas de dire :

« A cheval donné, on ne regarde pas la dent. »

Nous l'observerons avec soin, nous l'avons même observé déjà, surtout sur les deux seuls individus un peu âgés que nous connaissions dans l'arrondissement de Villefranche. Ils ont cinq ans l'un et l'autre, sont peu vigoureux et assez peu fructifères.

Moins heureux que les Méridionaux, c'est tout ce que nous en savons. Nous ne demandons pas mieux que de lui décerner le plus tôt possible, comme un vigneron peu lettré de notre voisinage, le nom de *Bon-Sauveur;* mais plus les années passent et plus nous nous demandons s'il méritera jamais cette appellation, dans notre région du moins.

Au Congrès de Mâcon toutes ces réserves ont été approuvées par M. Gaston Bazille lui-même. Que la prudence que nous conseillions à ce moment soit plus que jamais de règle en la matière (1).

Pour suivre à la lettre l'entête de ce cha-

---

(1) Voir page 220 du *Compte-rendu du Congrès de Mâcon*, 1888, 1 vol. Masson, éditeur, Paris, et Delhomme, libraire, Mâcon.

pitre, nous devrions encore nous occuper des *variétés de l'avenir*, mais nous craignons de nous répéter, et nous nous en tiendrons à ce que nous avons dit, en adjurant toutefois encore le vigneron d'y regarder à deux fois avant de reconstituer une étendue de quelque importance au moyen des producteurs directs.

Parcourez le catalogue de MM. Bush et Meissner : tous les cépages américains sont présentés comme excellents là-bas, ce qui peut s'expliquer ainsi : les terres du Nouveau-Monde conviennent mieux aux souches, et le palais des Yankees est habitué dès l'enfance à la saveur spéciale de leurs raisins. (1)

Nous ne voudrions rien dire de désagréable aux Méridionaux, pas même à ceux qui, comme notre excellent ami M. Champin, sont un peu les Méridionaux du Nord, mais l'Aramon et autres variétés similaires, ne les ont-ils pas habitués à chercher dans les vins autre chose que ce que nous y cherchons ? Peut-être

---

(1) Ceci nous rappelle qu'au Congrès de Bordeaux, les dégustateurs du Médoc nous regardaient comme incapables d'apprécier leurs vins parce que, disaient-ils, ceux des Côtes du Rhône et de la Bourgogne nous avaient brûlé le palais. Et dire cependant qu'il était si agréable de chercher à éteindre ce feu !

aussi faudrait-il avoir égard aux qualités de tous genres communiquées par le beau soleil du midi à tout ce qu'il réchauffe !

Répétons encore que toute notre méfiance à l'égard des producteurs directs ne nous empêche pas d'espérer, de croire même que nous serons sauvés un jour par eux. Mais, pas d'engouement irréfléchi : l'élu s'est appelé Secretary, puis Black-Défiance, plus tard Saint-Sauveur. Ce dernier devait nous faire renoncer à la greffe et la question eût fait un grand pas, mais..... attendons encore !

Et, si vous le voulez bien, notons seulement pour mémoire, par ordre alphabétique :

>Aminia,
>Bacchus,
>Black-July,
>Bottsi,
>Croton,
>Cunningham,
>Irwing,
>Montefiore,
>Pizzaro, etc. etc.

Renvoyons surtout, et dussions-nous paraître nous répéter, à ces hybrides qu'on pourrait dire produits mathématiquement, qui honorent la science et ceux qui la mettent si utilement en pratique, hybrides dont nous avons parlé page 84, à la fin du chapitre III.

Ceux-là étudions-les, ou plutôt plantons-en quelques échantillons, en suivant les indications que nous prodiguent si libéralement ceux qui les ont créés.

CHAPITRE VI

Porte-greffes. — Variétés anciennes les meilleures dans le centre. — Variétés moins connues que l'on peut essayer. — Un mot des cépages des terrains calcaires : Nouveaux porte-greffes hybrides.

Ils sont nombreux les cépages américains que l'on peut utiliser comme porte-greffes, nous nous contenterons d'examiner les principaux. En outre, ce qui importe le plus, c'est de bien connaître le terrain et le climat auxquels on a à faire, aussi l'affinité de tel ou tel greffon pour un porte-greffe donné, et les avis diffèrent tellement sur ces divers points capitaux !

Un conseil qui a toujours porté de bons fruits, c'est d'expérimenter soi-même ce qu'on devra multiplier en faisant d'abord une petite pépinière d'essai des variétés que l'on veut planter en grand plus tard.

Ainsi a-t-on agit dans l'œuvre de reconstitution des vignes appartenant à l'hospice de Villefranche (Rhône). Ces vignes sont disséminées dans plusieurs communes et terrains très variés. Chaque vigneron a reçu cinq ceps des porte-greffes les plus recommandés dont nous plantions au même moment une vaste pépinière : à l'heure actuelle chacun a fait ses petites observations et nous demande la, ou les variétés, qui se comportent le mieux dans son exploitation.

Nous nous bornerons à dire quelques mots des six variétés que l'on est d'accord de considérer commes les meilleures, et de quelques autres un peu plus discutées, ou moins connues, notamment des porte-greffes obtenus récemment par hybridation. Les voici, toujours par ordre alphabétique :

§ I. — Variétés les plus connues

Oporto (hybride Riparia).

Bourgeons petits et nombreux, de couleur brune, rouge au sommet. Des premiers à débourrer.

Feuilles moyennes ou grandes, peu dentelées, en forme de cœur, lisses et vert assez foncé à la face supérieure, vert plus clair et un peu duveteuses à la face inférieure; elles affectent volontiers la forme convexe, tandis que celles du Vialla, auquel il ressemble à s'y méprendre, font plutôt la cuillère (1).

Souche vigoureuse, à port étalé, sarments longs, grêles, brun foncé lors de l'aoûtement, devenant plus vigoureux lorsqu'on les laisse courir sur le sol, sans les échalasser Bois dur, à mérithalles moyens, à moëlle peu abondante.

Résistance au phylloxera : Elle est certainement des meilleures. Nos plus anciennes greffes sur Oporto, âgées aujourd'hui de dix ans, sont les plus vigoureuses et les plus belles, sous tous les rapports, que nous puissions montrer.

Culture. — Ce cépage est pour nous un des meilleurs, si ce n'est le meilleur porte-greffe à cultiver dans notre région. Personne ne conteste sa résistance au phylloxera et au mildew; c'est peut-être celui dont la soudure avec le

(1) Nous devons cette observation très exacte à la sagacité de l'éminent ampélographe, M. de Rovasenda.

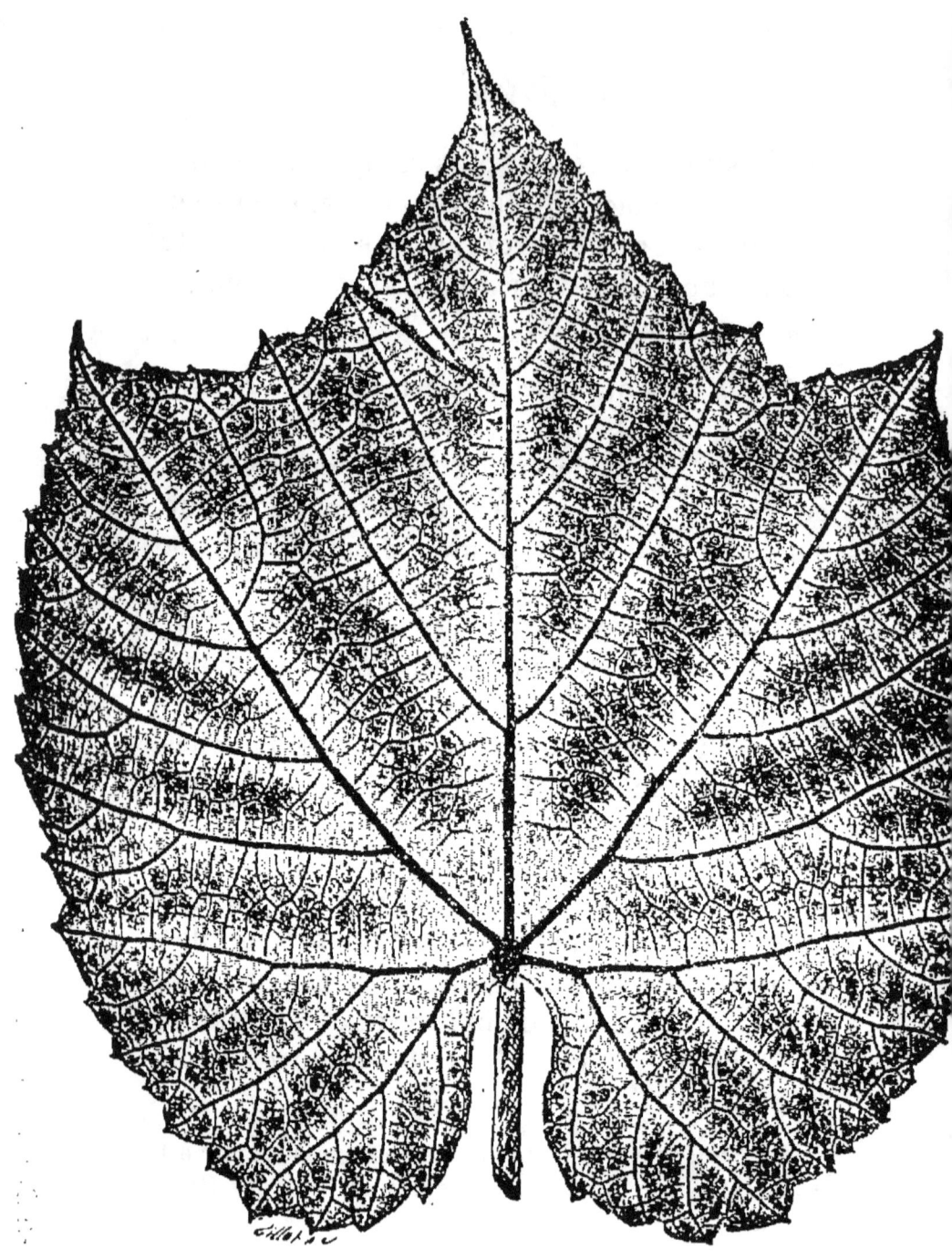

Fig. 29. — Oporto.

Gamay est la plus parfaite et sa vigueur est admirable. Beaucoup, qui ne sont pas ampélographes, le considèrent comme un Vialla amélioré ; ce qu'il y a de certain, c'est qu'il n'est pas sujet, comme ce cépage, à *cabucher*. (Nous parlerons de cette maladie en décrivant le Vialla).

Enfin, et quoiqu'en dise M. Sahut (1) qui le prohibe dans les terres compactes et argileuses, nous ne connaissons pas de sol dans lequel il se comporte mal ; notre opinion est celle de nombreux vignerons des départements du Rhône, de l'Ain, de la Loire, de Saône-et-Loire, etc., notamment des possesseurs de terrains argilo-calcaires rouges des environs de Villefranche (Rhône) et d'Aubenas (Ardèche), etc.

Mais nous nous taxons d'impartialité, et à ce titre nous reconnaissons volontiers :

1º Qu'il est plus rebelle au greffage que le Vialla par exemple.

2º Que conséquemment le nombre des greffes boutures reprises est limité ; mais en revanche celles qui réussissent sont parfaites et c'est un

---

(1) Félix Sahut, *les Vignes Américaines*, Montpellier, Camille Coulet, éditeur.

des rares porte-greffes dont le diamètre reste sensiblement le même que celui du greffon.

3° Que la sécheresse excessive provoque facilement le jaunissement et la chute des feuilles surtout si les pampres sont relevés sur échalas.

4° Que des autorités, indiscutables en la matière, M. Pulliat par exemple, l'accusent de s'anthracnoser facilement dans les plaines. Nous devons dire cependant que, bien que nous le cultivions dans un sol très argileux et assez humide, et cela depuis plus de dix ans, il ne présente pas dans nos pépinières trace de maladie cryptogamique.

Nous résumons notre opinion sur l'Oporto en disant que dans les terrains assez argileux, silico-argileux, schisto-argileux, schisto-granitiques et même argilo-calcaires, nous en sommes absolument satisfait. Seulement nous ne comptons jamais sur la reprise de plus du tiers de nos greffes-boutures, nous en faisons un plus grand nombre, et tout est dit. Et si, comme cela a eu lieu en 1888, la reprise dépasse 50 o/o, nous dirons tant mieux à tous les points de vue.

Riparia (type).

(Nous donnons ici les caractères généraux de cette innombrable famille).

Bourgeons le plus souvent petits ou moyens, variant du gris au rouge et débourrant hâtivement.

Feuilles pliées en gouttières lorsqu'elles sont jeunes, en cœur plus tard, dentelées, absolument glabres, quelquefois tomenteuses (poilues) sur les nervures et à la face inférieure.

Souche vigoureuse le plus souvent ; les sarments sont ordinairement grêles, à mérithalles allongés, qu'ils soient glabres ou velus ; le plus grand nombre des variétés semble donner des bois plus beaux lorsqu'on les laisse ramper sur le sol.

Résistance au phylloxera. — Elle est bonne partout où l'adaptation est bonne aussi ; c'est un des cépages qui portent le moins de phylloxera sur les racines.

Culture : Le Riparia, qui semble prospérer partout ailleurs que dans les granits, les marnes et les calcaires blancs, est certainement le plus discuté des porte-greffes. Cela s'explique par la quantité innombrable de ses variétés ou sous-variétés. On cite un amateur de classifi-

cation qui en a catalogué trois cents ; est-il bien sûr de pouvoir les distinguer lui-même ?

Pour tous ceux qui les ont étudiés, les Riparia se divisent en deux grandes familles : les glabres et les tomenteux (*qui ont le peigne*, comme disent les Méridionaux dans leur langage imagé).

A notre avis, ils se divisent surtout en bons Riparia : ceux qui poussent bien, et en mauvais Riparia : ceux qui poussent mal, dans un terrain donné bien entendu. Il est certain que ceux qui ont de larges feuilles ont plus de vigueur. A chacun d'étudier la variété qui s'adapte le mieux ; sera-ce le baron Périer, ou le Martin des Pallières, tous deux glabres et à bois rouge, ou bien encore, dans cette famille des Riparia glabres, le Fabre ou le R. Gloire de Montpellier ? Sera-ce au contraire le Riparia Géant ou tout autre tomenteux auquel on accordera la préférence, d'après les dires de M. X. ou de M. Z. ? Nous déclarons humblement ne pouvoir donner d'autres conseils que celui-ci : plantez les divers types qui vous plairont, et greffez celui dont la tenue vous semblera la meilleure.

Rappelons-nous seulement que presque toutes les variétés de cette famille ont une tendance à rester plus grêles que le greffon qu'on y adapte, et aussi que la soudure avec nos espèces européennes, le Gamay notamment, laisse bien souvent à désirer.

C'est même, croyons-nous, une des causes de certains insuccès qui ont fait tant de bruit dans le Midi. Car nous ne sommes point de ceux qui cherchent à passer sous silence la non réussite de plantations dont les greffes mal faites se sont décollées, ou dont les souches mal adaptées périssent de la chlorose.

Nous parlerons de cette dernière maladie dans la cinquième partie de cet ouvrage, disons cependant dès à présent que ceux qui en ont écrit nous semblent avoir oublié qu'à une racine pivotante, comme celle du Riparia, il nous paraît falloir un sol plus profond qu'à une racine traçante ou moins pivotante comme celle du Vialla, de l'Elvira, etc.

Or, les coteaux de notre région, du Beaujolais surtout, ne présentent bien souvent qu'une couche arable de 30 à 40 centimètres de profondeur; au-dessous : roche granitique, schisteuse, calcaire, quelquefois banc d'argile, ou tout autre obstacle absolument imperméable et impénétrable aux racines.

A bon entendeur salut !

Rupestris (type).

Bourgeon petit, de couleur brune, ou au moins jaune doré, débourre tard.

Feuilles tout-à-fait caractéristiques, paraissant vernies au début, formant alors une petite touffe très serrée. Lorsqu'elles ont atteint leur entier développement elles restent petites, rondes ou en cœur, entières, et ressemblent plutôt à celles du bouleau qu'à n'importe quelle variété de vigne.

Souche assez vigoureuse, souvent buissonneuse; le premier aspect, si différent de tout ce que l'on connaît, étonne l'observateur, et il nous est arrivé bien souvent de ne pouvoir convaincre les visiteurs qui voyaient le Rupestris pour la première fois qu'ils se trouvaient en face d'une vigne, qu'en leur montrant de petites grappes d'un raisin assez fade, mais pas du tout foxé. Toutes les variétés de cette espèce type donnent du bois beaucoup plus beau, quand on le laisse traîner.

Résistance au phylloxera. — Elle est indiscutable pour les bonnes variétés, et ce cépage

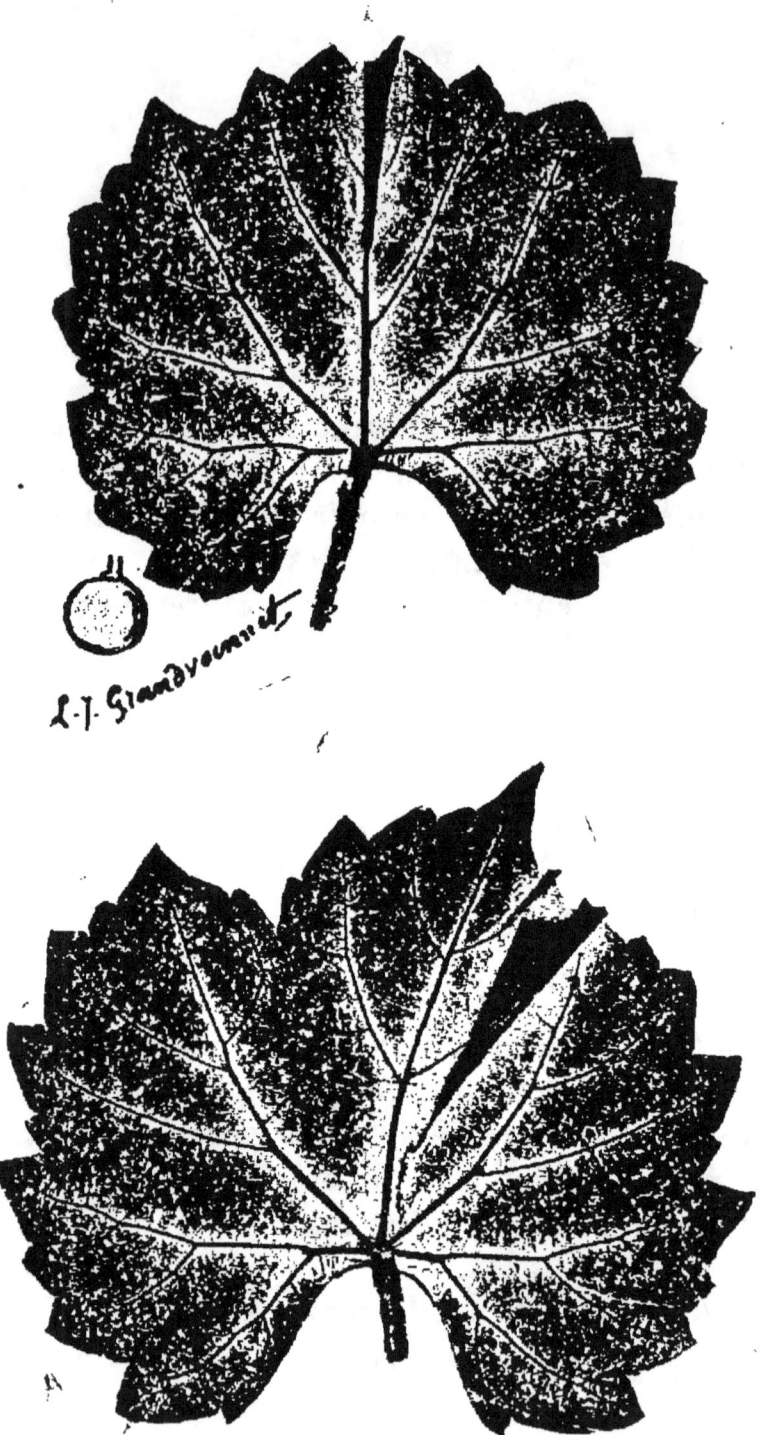

Fig. 31. — Rupestris.

tend à prendre une grande place parmi les porte-greffes, surtout aujourd'hui que l'on connaît des variétés à larges feuilles très vigoureuses, et des hybrides remarquables.

Culture. — Le Rupestris est bien loin d'être le plus connu des porte-greffes ; on l'a toujours donné comme se plaisant surtout dans les terrains rocailleux, tel que l'indique du reste le nom sous lequel il est connu en Europe et surtout celui qu'il porte en Amérique : *Sand grape* (raisin des sables) et *Mountain grape* (raisin des montagnes). Il paraît chez nous convenir aussi bien, si ce n'est mieux, aux sols profonds et même humides.

Ses variétés sont déjà nombreuses et le deviendront bien plus encore si les hybrides, producteurs directs, qu'il a contribué à obtenir, tiennent seulement la moitié des promesses qu'on nous fait en leur nom.

Les premiers Rupestris introduits en Europe produisaient si peu de bois, grâce à leur végétation rabougrie, qu'on n'osa guère greffer sur eux. Bientôt vint la famille dite à larges feuilles. Celle-ci donne du bois, assez beau, bien sain, dur, contenant peu de moelle et qui possède la faculté de grossir aussi vite que n'importe quel greffon européen. C'est là une qualité appréciable.

Ajoutons que la greffe du Rupestris se soude assez difficilement, mais que le bouturage est de bonne reprise.

Voilà bien des considérations qui militent en faveur de ce cépage, très étudié aujourd'hui par les chercheurs de l'hybride réellement type.

Conclusions concernant ce porte-greffe : Essayer avant de s'en servir.

Solonis (Riparia).

Bourgeon petit, de couleur grise, se fonçant rapidement, les nervures restant roses. Il débourre assez hâtivement.

Feuilles assez grandes, dentelées, d'une couleur blanchâtre caractéristique. Nous entendions une dame dire que c'était la seule espèce américaine qu'elle pût reconnaître sûrement.

Souche vigoureuse, à longs sarments grêles, dont les nœuds sont ordinairement couverts de poils blancs, ainsi que les vrilles qui sont plus

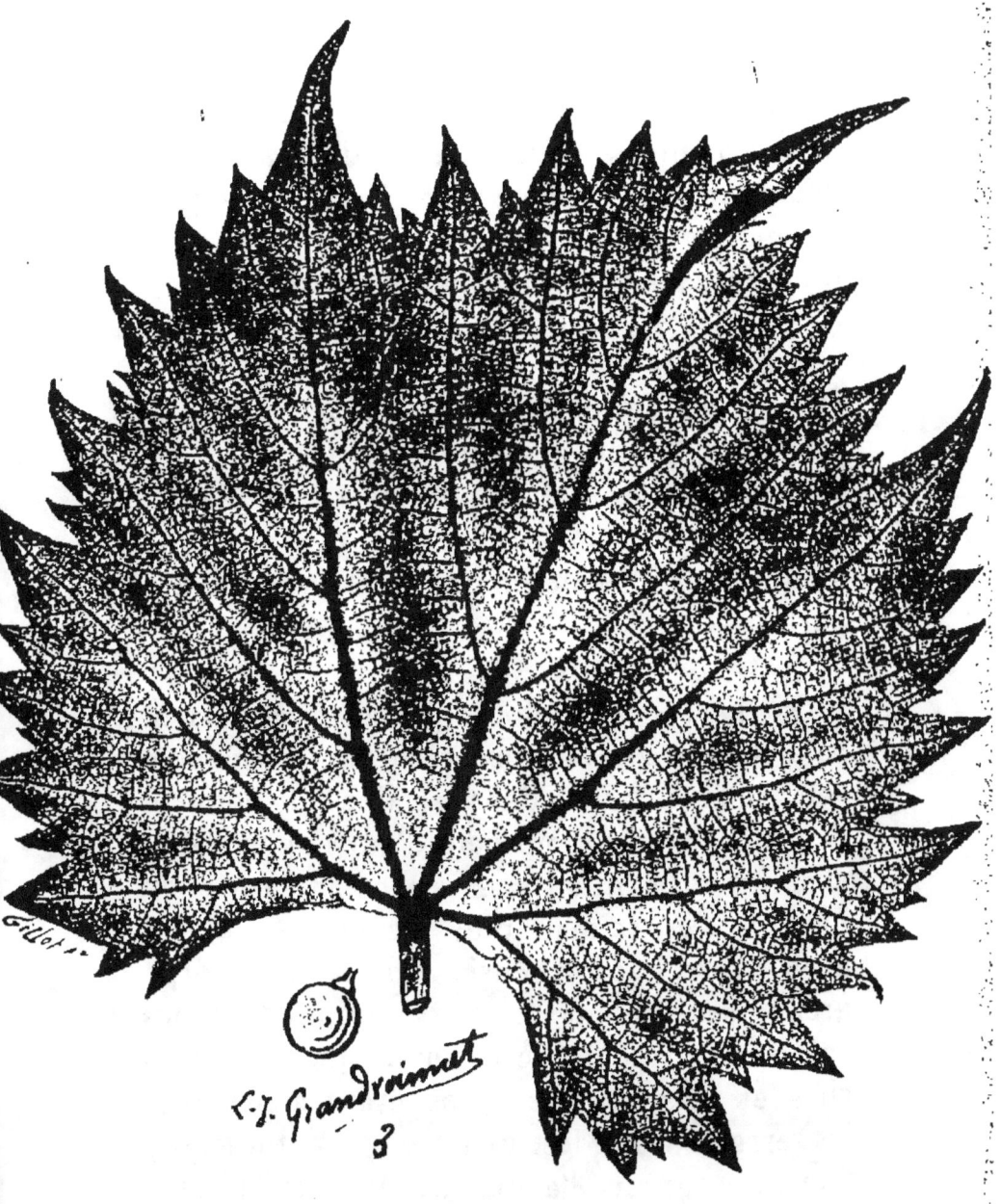

Fig. 32. — Solonis.

colorées que le bois, assez brun cependant. Les sarments se développent mieux si on les laisse ramper, nous ne recommanderons guère cependant de le faire, parce que le bois s'anthracnose (et se *mélanose*) facilement.

Résistance au phylloxera. — A ce point de vue, le vigoureux Riparia qui nous occupe est certainement un des meilleurs. Ce n'est pas sur ses racines que le phylloxera se plaît le mieux, bien au contraire, on ne l'y trouve guère plus fréquemment que sur le Riparia.

Culture. — Le Solonis présente cette particularité que son bouturage, et par conséquent son greffage, faciles dans certains sols, donnent de grandes déceptions dans d'autres paraissant absolument similaires. Les sarments petits ou moyens s'enracinent plus facilement que les gros. C'est, là où il réussit, un excellent porte-greffe, se soudant bien, s'accommodant des calcaires, et même de certaines marnes blanches et sols crayeux, prospérant aussi dans les terrains humides, bien qu'il s'anthracnose facilement, nous l'avons dit. Il en existe plusieurs variétés ou sous-variétés.

Vialla (hybride)

Bourgeon brun, puis rose, se couvrant, lors du débourrement, qui est précoce, d'un duvet aranéeux.

Feuilles restant longtemps pliées, ce qui ne permet d'apercevoir les fleurs qu'assez tard. Une fois développée, la feuille du Vialla vert foncé, un peu blanchâtre à la face inférieure, est une des plus jolies; elle est peu dentelée, assez grande et mince.

Souche vigoureuse. A la onzième année, le tronc atteint chez nous le développement d'un pied de Gamay de 30 ans. Sarments longs, assez gros, luisants, et d'une belle couleur brune lorsqu'ils sont aoûtés, pouvant presque indifféremment être accolés à une perche ou ramper comme le lierre.

Résistance au phylloxera. — Elle a été très discutée, elle l'est même encore, et, chaque année, bien des gens viennent s'assurer de la mort des nôtres, qui composent, heureusement pour nous, les 19/20 de notre vignoble reconstitué.

Fig. 33. — Vialla.

C'est certainement la variété sur le compte de laquelle il s'est dit le plus de..... drôleries. La vérité est que nos précurseurs dans l'art du greffage, les Languedociens, ne connaissent pas le Vialla, du moins ne le connaissent pas depuis longtemps. Ils cultivent sous ce nom le Clinton, le Clinton-Vialla, le Franklin, etc., mais ils parlent tout de même de l'excellent porte-greffe sans l'avoir étudié, ni même vu, autrement que par approximation.

Que de vignerons beaujolais ont planté comme Vialla des variétés qui n'avaient eu avec ce cépage que des relations d'excellent voisinage, dans le Midi, ou ailleurs !

Culture. — Ce porte-greffe est incontestablement un des meilleurs, sinon le meilleur auquel nous puissions avoir recours dans la région du centre. Seuls les argiles trop compactes, *surtout les sols calcaires,* ne lui conviennent pas et un de nos amis, qui possède cette nature de sol, nous disait dernièrement : « Ah ! que vous êtes heureux de pouvoir greffer sur Vialla. »

C'est en effet dans les terrains granitiques, schisteux, siliceux, même humides, celui qui, avec l'Oporto, donne les plus belles réussites (1). Il n'est pas rare de voir des pépinières de greffes-boutures compter 80 % de bonnes reprises à soudures parfaites, même davantage, tous les greffeurs le savent.

Nous venons de nommer l'Oporto, n'oublions pas qu'en le décrivant tout à l'heure, nous avons promis de parler d'une maladie particulière au Vialla et que nos voisins de l'Isère ont baptisé *cabuchage*.

Les bourgeons du Vialla ont à peine quelques centimètres de longueur qu'on les voit tout à coup cesser de se développer, de nouvelles pousses surgissent de tous côtés sans dépasser les premières. Tous ces bourgeons semblent à ce moment d'une teinte rose plus claire que celle des ceps voisins et l'individu malade, qui verdit à son tour, mais plus lentement,

---

(1) Le moi est toujours haïssable, je suis cependant obligé de citer à l'appui de ce fait mes Vialla pieds-mères, plantés en 1879, en contre-bas et joignant une grande pièce d'eau, non cimentée, qui entretient les racines dans une humidité constante. Ils sont aussi vigoureux, et ne s'anthracnosent pas davantage, que ceux plantés en même temps dans les parcelles granitiques, si communes à quelques pas des coteaux de Brouilly.

E. B.

présente bientôt une masse de feuilles presque tassées rappelant de loin un gros chou, un *chou cabut*. Telle est l'origine de l'appellation dauphinoise.

Cette maladie, car c'en est une, puisqu'elle arrête le développement du bois, a des causes inconnues ; il en est de même, hélas! du remède à y apporter. Les fumures les plus énergiques, le sulfure de carbone, les badigeonnages, etc., ne produisent aucun effet. L'émondage presque complet (réserver seulement 3 ou 4 bourgeons par souche) est jusqu'à ce jour ce qui nous a le mieux réussi : ce qui semblerait donner raison à ceux qui attribuent cet arrêt momentané de la végétation à un excès de la première sève. M. Planchon, ce maître si regretté, pensait qu'on se trouve en présence d'une forme particulière d'anthracnose, l'anthracnose *ponctuée*.

Ce qu'il y a de certain, c'est que le mal n'affecte bien que la partie aérienne, puisque si l'on greffe les souches atteintes, il disparaît complètement et qu'on obtient rapidement des pampres aussi beaux que ceux des individus ne cabuchant pas. Ceci doit nous rassurer.

Une chose également digne de remarque : c'est que le mal procède par taches rondes comme le phylloxera et que ce n'est pas une raison pour que les ceps atteints cette année en présentent trace l'année suivante. Réciproquement ceux qui donneront cette année les plus beaux sarments seront peut-être, lors de la prochaine récolte, les plus laids de la pépinière.

En somme cet inconvénient, spécial du reste à certaines localités, nuit seulement à la production du bois. Cela n'empêche pas le Vialla de tenir à peu près la corde parmi les portegreffes de la zone que nous habitons.

Yok Madeira (hybride).

Bourgeon brun-jaune, passant presque de suite au rose vif; il débourre tardivement.

Feuilles s'ouvrant vite et laissant presque aussitôt voir les fleurs qui les dépassent; à leur entier développement elles sont à peine de grandeur moyenne, presque rondes et peu découpées, gaufrées et d'un vert assez foncé, duveteuses à la face inférieure.

Souche médiocrement vigoureuse. Les sarments ne se développent bien qu'au bout de quatre ou cinq ans, encore sont-ils souvent

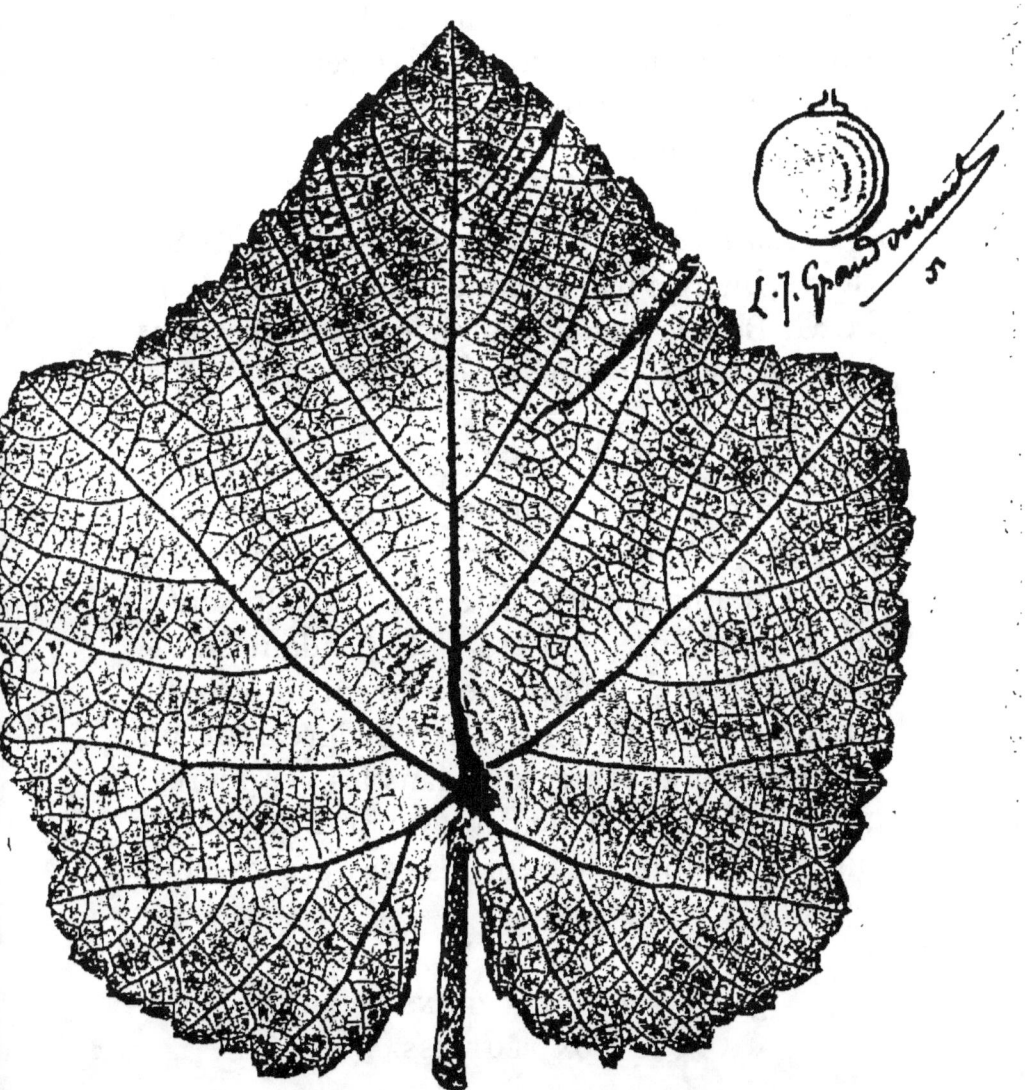

Fig. 34. — York Madeira.

assez grêles, rugueux, bruns, lorsqu'ils sont aoûtés, mérithalles courts. Ils semblent mal se trouver de ramper sur le sol, et préférer l'échalassement.

Résistance au phylloxera. — Elle est sérieuse, bien qu'il provienne d'une hybridation, M. G. Bazille l'avait qualifié de *chevalier sans peur et sans reproche*, mais...

Culture. — Le York-Madeira, très anciennement introduit en Europe (nous en connaissons des souches âgées de plus de quarante ans), s'adapte à peu près à tous les sols, sauf à ceux contenant de la craie. Cependant sa vigueur modérée l'empêche souvent de grossir autant que le greffon. C'est malgré tout un bon porte-greffe, bien que dans les pépinières, granitiques principalement, on soit peu satisfait du nombre de reprises des greffes-boutures.

§ II. — Variétés moins connues que l'on peut essayer

Il existe encore un certain nombre de porte-greffes que nous n'engageons pas à planter de préférence à ceux dont nous venons de parler, bien entendu. Seulement, nous dirons aux viticulteurs qui possèdent ces variétés, recommandées au début, d'utiliser les bois qu'ils récoltent. Cela vaudra toujours mieux que d'avoir recours aux boutures uniquement françaises; bien souvent on obtiendra le même résultat qu'avec les porte-greffes classés au premier rang.

Clinton (hybride de Riparia).

C'est le cépage du début, celui sur le compte duquel on a le plus discuté, à tort... et à raison.

C'est en résumé un quasi-Vialla, au moins aussi vigoureux que ce dernier, mais plus difficile sur le choix des terrains, résistant partout où il pousse bien. On a prétendu et soutenu qu'il ne résistait pas mieux au phylloxera que le premier Gamay venu. Or dans les sols très riches de la plaine du Dauphiné, près de Saint-Symphorien-d'Ozon, et alors qu'il n'existe plus depuis longtemps une vigne française dans le voisinage, un de nos amis possède 1500 pieds de Clinton, cultivés en vue de la production directe, ce qui n'est pas le meilleur de l'opération, ils sont âgés de quinze à dix-huit ans et sont plus vigoureux que jamais. Un fait presque analogue, mais de date moins ancienne, se passe chez M. de Saint-T., en pleine côte sud de Brouilly, en sol peu profond et tout-à-fait granitique.

Ajoutons que la modicité de son prix mériterait à ce porte-greffe, parfaitement suffisant dans quelques sols privilégiés, le surnom de cépage des pauvres.

Elvira (hybride).

Dans le chapitre précédent nous nous sommes occupés de ce cépage envisagé comme producteur direct.

Malgré quelques insuccès signalés dans des plantations en coteaux très arides, nous persistons à le regarder comme meilleur porte-greffe que producteur direct. Lui aussi se vend à des prix modérés, il se soude très bien au greffon et grossit au moins aussi rapidement que lui.

Jacquez (Æstivalis).

Encore un pour lequel nous renverrons au chapitre précédent, en répétant que ce n'est pas notre porte-greffe de prédilection. Il est trop sujet aux maladies cryptogamiques, et reprend trop difficilement de bouture, ce qui est grave, on en conviendra, pour nous qui considérons la greffe sur bouture comme la seule possible sous notre climat.

Nous étudions les variétés par ordre alphabétique, si c'était par ordre de mérite, le Jacquez porte-greffe serait le dernier nommé ; à recommander cependant dans les terrains très compacts, bien que le greffon se développe paresseusement.

Noah (Riparia ou hybride).

Tout le bien que nous en avons dit comme producteur direct, nous le répétons ici comme porte-greffe. Si son emploi était plus fréquent, s'il était plus connu en cette qualité, nous l'aurions fait figurer dans la première série, et au premier rang.

Sa vigueur est admirable dans tous les terrains, même les plus calcaires ; il se soude parfaitement au Gamay par exemple, et nous ne croyons pas que jamais un plant obtenu avec son aide, rappelle, même de loin, un hydrocéphale. Personnellement nous regrettons de ne pas l'avoir traité avec autant d'égards qu'il le mérite.

Taylor (hybride de Riparia).

Ce que nous avons dit du Clinton, nous pourrions l'appliquer au Taylor. Il a été aussi discuté, non moins vanté, non moins décrié.

C'est cependant, lui aussi, un bon porte-greffe, seulement il ne s'accommode pas plus de tous les terrains, que tous les estomacs ne se trouvent bien de toutes les boissons. A l'un il faut du vin, à l'autre de la bière, du cidre, voire du lait.

Dans les sols de consistance moyenne, frais, sans être humides, ce Riparia, des plus glabres, reprend très facilement, se soude bien et ne fera pas lui non plus, un grand vide dans le porte-monnaie de ceux qui l'achèteront.

Sont-ce là tous les porte-greffes ? Non, assurément, mais à quoi bon surcharger la mémoire de noms étrangers, de descriptions fastidieuses, pour arriver à quoi ? Tâchons donc de simplifier les questions et non pas de les embrouiller. Le sage ne limite-t-il pas le nombre de ses amis ?

UN MOT DES CÉPAGES DES TERRAINS CALCAIRES : NOUVEAUX PORTE-GREFFES HYBRIDES.

C'est le moment de nous occuper des terrains calcaires et des cépages qui peuvent y prospérer.

Les détracteurs de la vigne américaine firent grand bruit, il y a quelques années, de l'insuccès complet de presque toutes les plantations faites dans les terrains calcaires, surtout les sols crayeux ; cela à une époque où la question sortait à peine des limbes. Nous nous rappelons notamment l'incertitude que jetèrent dans l'esprit des viticulteurs quelques-uns des conférenciers accourus au Congrès de Mâcon. M. le baron de Benoist, entr'autres, cita de nombreuses vignes mourantes ou même mortes dans les conditions dont s'agit.

Heureusement qu'une dépêche de M. Pierre Viala arriva fort à propos pour rassurer les vignerons justement effrayés (1). Le jeune et savant professeur de l'Ecole de Montpellier avait été envoyé aux Etats-Unis par le ministre de l'Agriculture et les Sociétés de viticulture

---

(1) Voir *Compte-rendu du Congrès de Mâcon*, déjà cité, page 227.

de la Charente-Inférieure et de l'Hérault, afin de rechercher le plant prospérant dans les sols calcaires ; ce qui prouve bien l'importance capitale de la question.

A son retour, le courageux explorateur fit de sa mission un rapport qui est encore présent à tous les esprits et que publièrent tous les journaux agricoles de 1887-88; le lecteur peut s'y reporter. Des observations faites, il résultait que parmi les porte-greffes venus d'Amérique et déjà cultivés en France, trois seulement poussaient vigoureusement dans les terres du Nouveau-Monde, crayeuses ou très calcaires, similaires de celles des Charentes, de la Champagne, de l'Hérault, de la Bourgogne, etc. Nous avons nommé les

   Vitis *Berlandieri*,
   Cordifolia,
   Et *Cinérea*.

Cette bonne nouvelle fut saluée avec joie par tous ceux qui s'intéressent à la vigne. Pourquoi faut-il malheureusement que la reprise par boutures de ces trois véritables sauveurs soit si difficile? Cela complique singulièrement la question du greffage.

Quoiqu'il en soit, ceux pour lesquels la nature a été trop prodigue de calcaire doivent essayer de multiplier ces précieuses variétés. N'est-il pas français le beau vers :

A vaincre sans péril, on triomphe sans gloire.

Et c'est ici, puisque nous parlons du service rendu par M. Viala, le cas de mentionner celui non moins grand que vont nous rendre, que nous rendent déjà, les porte-greffes hybrides obtenus par les pionniers de la science que nous citions à la page 86.

Ceux-là, on peut déjà les louer presque sans réserve. Toutefois la question est si nouvelle, au moment où nous écrivons, que nous ne voudrions nommer aucune variété, ni non plus aucun de leurs obtenteurs; certain pour ces derniers que tout ce qui ressemble à une réclame leur ferait peu de plaisir : l'expérience sera la meilleure des recommandations. Puis la classification de la première heure ne sera peut-être pas immuable.

Il nous sera bien permis cependant de constater la vigueur étonnante de certains de ces hybrides, obtenus notamment du croisement des Rupestris, de celui de l'Oporto ou du York-

Madeira, vigueur qui nous a réellement surpris lors d'une récente visite au vignoble de M. Couderc, dans les environs d'Aubenas (Ardèche).

Nous saluons sans arrière-pensée ces porte-greffes du nom de cépages de l'avenir!

CHAPITRE VII

Greffons européens.— Enumération des principales variétés cultivées dans la région.— Celles qu'on pourrait y introduire.— Choix des greffons.— Soins à leur donner après la taille.

Dans tout mariage, les pères et mères de famille, véritablement dignes de ce nom, s'occupent à la fois des destinées de l'un et de l'autre des époux. S'ils font entrer en ligne de compte la vigueur de l'un, ils s'occupent bien aussi des aptitudes physiques et domestiques de l'autre ; le couple idéal est certainement celui qui réunit la plus grande somme de qualités individuelles possibles.

Il semble donc tout naturel qu'après nous être occupé du choix d'un porte-greffe sain et robuste, nous songions au greffon, chargé de représenter la partie gracieuse du cep, la seule que nous verrons.

Sur ce sujet nous pourrions écrire un volume si nous voulions indiquer ce qu'il y aurait à faire dans chaque département, chaque arrondissement, chaque canton, chaque commune, hameau, ou même parcelle de vigne de notre région.

Nous avons déjà dit que ce n'était point sacrifier à la routine que songer à cultiver le cépage reconnu préférable dans un pays, après plusieurs années, quelquefois plusieurs siècles d'études. Bien au contraire, puisque le but principal de la greffe est de conserver, sans aucune modification, les qualités distinctes des vins de nos différents terroirs, ce serait en donner une bien pauvre idée que d'en modifier la nature dès le début.

Nous dirons donc au propriétaire, au vigneron : greffez et plantez les meilleurs cépages auxquels vous êtes habitués, ce sont dans les départements suivants (1) :

(1) En dehors des indications qui nous sont personnelles, nous avons ici largement puisé : 1º dans l'ouvrage si remarquable que tout le monde connaît, au moins de nom : *Etude des vignobles de France*, par le docteur Jules Guyot. — Trois volumes, G. Masson, éditeur à Paris, et aussi dans : *Mille Variétés de vignes*, par M. Pulliat. — Un volume, Coulet, à Montpellier, 1888.

Rhône.

Partie nord : Le Gamay et ses principales variétés : Gamay Picard, Monternier, Nicolas, Geoffray ou plant de Vaux, Mathieu, etc.

Centre : Mondeuse, Servagnin, Corbeau.

Sud : la Sérine, la Persagne ou Mondeuse, et le Viognier en cépage blanc.

Saône-et-Loire.

Cépages rouges : Le Gamay, le Corbeau et un peu le Pineau.

Cépages blancs : Le Pineau blanc ou Chardonet dit aussi Chardonay.

Loire.

Le Gamay et aussi, mais plus rarement, la Mondeuse, le Gueuche ou Foirard et généralement les cépages du Beaujolais et du Mâconnais.

Côte-d'Or.

Cépages noirs : le Pineau, le Gamay.

Cépages blancs : le Pineau blanc ou Chardonay.

Yonne.

Le Gamay et les Pineau noir, blanc et gris, le Tresseau ou Tressot, dit aussi Verrot, le Morillon blanc, etc.

Allier.

Cépages rouges : le Lyonnais (Gamay), le Bourguignon (Pineau), la Persagne.

Cépages blancs : le Gamay ou Lyonnais blanc, et le Saint-Pierre ou Epinette blanche (Chardonnay).

Nièvre.

Cépages rouges : le Gamay, la Persagne, Mondeuse, ou Gros-Plant, la Sérine, le Moreau (Dr Guyot).

Cépages blanc : le Blanc fumé, le Chasselas, le Moreau blanc, le Gamay.

On trouve encore dans la Nièvre beaucoup d'autres cépages, bien que l'étendue des vignes y soit très restreinte.

Cher.

Cépages rouges : le Pineau, le Gamay, le Meunier.

Cépages blancs : les Pineau blanc et gris, le Sauvignon, le Meslier, etc.

Loiret.

Cépages rouges : le Pineau, le Gamay, le Meunier, la Mondeuse appelée Gascon, le Côt, le Noiret ou Noireau, etc.

Cépages blancs : le Meslier, le Gamay blanc appelé Melon, etc.

Indre.

Cépages rouges : le Genoilleré ou Genouillet, le Côt, le Lyonnais, le Teinturier, le Gamay, le Liverdun, etc.

Cépages blancs : le Gros blanc, le plant d'Anjou (Pineau de la Loire) le Bordelais blanc, le Gouais ou Gouet, le Meslier-Sémillon, etc.

Puy-de-Dôme.

Le Gamay, le Nérou (Meunier, d'après le Dr Guyot), le Damas noir (Mondeuse, d'après le Dr Guyot, Syra d'après M. Pulliat).

Ardèche.

Les cépages cultivés dans ce département

sont si nombreux que le Dr Guyot renonce à les énumérer. Citons toutefois parmi les plus connus : le Grenache, le Terret, le Morastel, le Liverdun, la Syra ou Sérine, la Marsanne, la Clairette, le Chasselas, etc.

Haute-Loire.

Cépages rouges : le Gamay, la Mondeuse, le Pineau, etc.

Cépages blancs : le Pineau, le Meunier, le Traminer, le Savagnin jaune du Jura (M. Pulliat).

Ain.

Cépages rouges : la Mondeuse, la Roussanne, le Pulsart, Poulsard ou Mescle, le Côt, le Gamay.

Cépages blancs : le Chasselas (Fendant roux) le Gouais blanc, le Bourguignon (Morillon de Chablis).

Drôme.

Cépages rouges : la Sérine ou Syra, la Roussanne, la Marsanne.

Cépages blancs : la Roussanne, la Passerille, la Clairette, etc.

Isère.

Cépages rouges : les Gamay, le Mescle ou Poulsard, le Béclan, la Sérine, le Vionnier ou Viognier, la Roussanne, la Marsanne, le Corbeau, le plant Durif, l'Etraire, la Mondeuse, etc.

Cépages blancs : le Chasselas, la Clairette, la Bâtarde, etc.

Savoie.

Cépages rouges : la Mondeuse, le Persan, la Douce noire (Côt, d'après le Dr Guyot, Corbeau d'après M. Pulliat), le Hibou.

Cépages blancs : le Fendant roux (Chasselas), le Gamay blanc, les plants d'Altesse et de Chypre, le Hibou blanc.

Haute-Savoie.

Cépages rouges : le Côt, le Persan, la Mondeuse ou Savoyanche, le Gamay, le Corbeau.

Cépages blancs : le Fendant vert et roux, (Chasselas), la Roussette, la Blanquette, etc.

Jura.

Cépages rouges : le Poulsard, le Béclan, le Trousseau, le Gueuche, le Noirien (Savagnin noir ou Pineau, d'après M. Pulliat), la Mondeuse, le Gamay, etc.

Cépages blancs : le Savagnin jaune, le Melon, le Gamay blanc. (Ces deux dernières variétés n'en formant probablement qu'une d'après M. Pulliat).

Ce sont là quelques-unes des principales variétés répandues dans la zone que nous habitons, et celles-là on peut les greffer sans arrière-pensée.

Est-ce à dire, que dans l'avenir surtout on ne devra pas s'inquiéter d'améliorations ? Evidemment si, surtout lorsqu'on aura prouvé à tous les négociants en vins, habitués du marché, à tous les incrédules principalement, que les vins de cépages greffés sont identiques à ceux produits par nos plus vieilles souches.

Même en l'état actuel, du reste, quels perfectionnements ne pourrait-on pas réaliser ? Disons à ce propos que jamais nous n'avons pu nous expliquer notamment, cette tendance des pays relativement froids, comme l'Isère, la Savoie, l'Indre, etc., à cultiver des cépages presque tardifs tels que la Mondeuse, le Corbeau, le Savagnin, etc. Cela ne proviendrait-il pas d'une cause analogue à celle qui pousse les enfants à tout faire pour paraître des hommes?

Il nous semble que bien souvent la qualité des vins n'aurait qu'à gagner au remplacement des cépages tardifs par de plus précoces. Remarquez que pour rendre la contradiction plus flagrante, les départements plus au sud, comme le Rhône et surtout l'Ardèche, donnent la préférence aux plus hâtifs.

Il serait bon certainement de faire quelques essais dans cet ordre d'idées. Avec quel plaisir nous verrions beaucoup de cépages tardifs remplacés par le fertile plant Durif, qui mûrit presqu'en même temps que le Gamay; par le Portugais bleu, connu nouvellement peut-être, mais extrêmement fertile, mûrissant quinze jours avant le Gamay un excellent raisin. Et s'il s'agit de raisins de table surtout, nous recommanderons l'Ischia, pineau noir extra-précoce excellent : le Hambourg musqué, un peu tardif mais exquis, etc.

Parmi les raisins blancs très précoces, très bons et bien fertiles : la Madeleine Angevine, et comme variété de table la Madeleine royale, le plus hâtif de tous; le Lignan, l'Agostenga, etc.

Enfin, comme il faut bien songer à faire du

vin non-seulement bon, mais encore d'une belle couleur, nous comprenons que les Méridionaux, mais ceux-là seulement, appuyons là-dessus, portent leur attention sur les hybrides obtenus par MM. Bouschet de Bernard père et fils, qui ont pour les pays chauds une valeur réelle. Que n'en est-il de même pour les vignerons du centre!

A ces derniers, à moins qu'ils ne bénéficient d'une exposition toute particulière, nous ne signalerons que pour mémoire :

1º Le Petit Bouschet, bon teinturier, vin malheureusement plat, mais mûrissant à la première époque.

2º L'Alicante Bouschet, très fertile, vin meilleur que le précédent, très rouge mais se décolorant vite, maturité assez hâtive.

3º Alicante Henri Bouschet, serait encore supérieur au précédent, maturité malheureusement assez tardive.

4º Aramon teinturier Bouschet, paraît très recommandable mais mûrissant tard, très peu connu du reste.

5º Terret Bouschet, vin moins rouge que les précédents, maturité très tardive.

6º Aspirant Bouschet, le plus coloré des hybrides qui nous occupent. Mûrit aussi tardivement que le précédent.

A cette liste, on pourrait joindre encore bien d'autres variétés venant du Midi comme le Morastel ou Brun Fourca, le Terret, etc. Malheureusement presque tous ces raisins mûrissent trop tard sous nos climats.

Nous conseillerions cependant de les essayer, surtout en coteaux bien exposés. Si on pouvait réussir et contenter, par l'adjonction de quelques grappes bien rouges, ces consommateurs naïfs et nombreux, hélas! qui ne voient dans le vin que la couleur!

Quel coup funeste ces colorants naturels porteraient à la honteuse industrie des fabricants de vins! Race exécrable qui contribue davantage que le phylloxera, le mildew et tous les fléaux qui accablent la vigne, à la ruine de nos populations rurales. Empoisonneurs patentés qui commettent de véritables attentats criminels sur la vie des déshérités de la fortune, attirés par leurs scandaleuses réclames!

CHOIX DES GREFFONS. — SOINS A LEUR DONNER

Ce n'est pas au point de vue des variétés à choisir que nous venons d'écrire le titre de ce paragraphe. Il est entendu, une fois pour toutes, que chacun doit conserver son cépage préférable ou préféré. Nous voulons parler du choix à faire au point de vue de la bonne santé, de la fertilité du greffon, de tout ce qui, en un mot, doit concourir à la qualité et à la quantité des récoltes futures.

N'oublions pas que la vigne européenne greffée est beaucoup plus vigoureuse que celle plantée franc de pied. Une conséquence fatale de cette exubérance de végétation, c'est de pousser le cep à *courir au bois*, c'est-à-dire d'amener la plante à produire plus de bois que de fruits, et de faciliter la coulure de ce dernier.

Le remède est des plus simples et des plus certains : il ne faut se servir que de sarments fertiles, ayant porté du fruit, ce qui est facile à constater par la présence du pédoncule du raisin, lequel subsiste après la cueillette. Alors on obtiendra cet excellent résultat de donner la vigueur nécessaire au sarment, souvent appauvri par un excédant de production. Des variétés qui fournissaient pour ainsi dire plus de fruits que de bois présenteront à nos regards satisfaits des souches parfaitement équilibrées. C'est ce qui nous arrive en Beaujolais avec le

Gamay Picard, auquel on ne reconnaissait que ce joli défaut d'avoir trop de fertilité pour sa petite taille, et qui, greffé, obtient tous les suffrages, car il présente à la fois la vigueur et la fertilité.

A cet égard nous ne saurions trop recommander au vigneron, digne de ce nom, de contremarquer ses meilleurs ceps au moment de la vendange. Ainsi faisons-nous en Beaujolais et nous n'avons pas à nous en repentir. Les viticulteurs bordelais opèrent mieux encore : comme ils ont remarqué que telle souche irréprochable une année, laisse souvent à désirer la suivante, ils nouent un fil de fer en 1888, par exemple, aux ceps qu'ils en jugent dignes, en 1889 ils répèteront cette opération, puis en 1890 ; — la quatrième année ils ne conserveront que les sarments provenant de sujets portant les trois marques, véritables mentions honorables. Nous avons constaté *de visu* l'excellence du procédé.

Mais ce n'est pas tout de choisir des boutures ayant porté fruits, il faut aussi les prendre bien portantes. Observer surtout que le bois soit exempt de toute maladie cryptogamique, les taches qu'elles occasionnent sont faciles à distinguer. L'écorce doit être de couleur uniforme, plus ou moins foncée suivant les variétés ou les climats, les bourgeons gros, bien frais, le bois vert et humide à la coupe, la moëlle jaune et saine. Si on veille en outre à ce que le porte-greffe présente les mêmes caractères, l'opérateur aura dans ses mains tous les atouts possibles.

Ceci nous rappelle une anecdote qui prouve combien les vignerons de notre région, tous aujourd'hui greffeurs enragés, étaient opposés à cette pratique dans le début : il y a quelque cinq ou six ans, nous nous trouvions chez un cultivateur lorsque se présente un de ses voisins à la recherche de quelques paquets de Gamay bons à planter. Il ne restait plus une bouture de disponible et le nouvel arrivé allait se retirer tout marri, lorsqu'il aperçut dans un coin un lot de sarments plus ou moins desséchés. « Et ça, dit-il, qu'est-ce que c'est donc ? » — « Tu vois bien que c'est du bois à brûler. » — « Qu'est-ce que cela fait ? répartit l'acheteur, puisque c'est pour greffer. » Et, ravi, il emporta un énorme fagot. Ma présence l'avait probablement empêché d'ajouter que c'était son idiot de maître qui payait.

Et dire que si les greffes provenant de ces bois, bons à faire des allumettes, n'ont pas repris, leur heureux acquéreur a dû tout accuser, excepté ces excellents greffons !

Une condition essentielle pour que les bois, européens ou américains, soient en bon état au moment des greffages, c'est de les bien soigner dès l'instant de la taille.

A cet effet, ceux qui sont assez heureux pour disposer d'eau vive peuvent les conserver, suivant le vieux système qui consiste, on le sait, à tenir les paquets, une fois faits, dans l'eau fréquemment renouvelée.

Un autre procédé plus récent et qui donne les meilleurs résultats à nous et à tous ceux qui l'emploient, c'est d'enfouir complètement dans du sable fin, frais, les boutures tout entières couchées et disposées ainsi : un lit de sable, un lit de boutures, un lit de sable, un lit de boutures et ainsi de suite. Nous ajouterons que, comme il y a toujours avantage à ce que la végétation du porte-greffe soit plus avancée que celle du greffon, nous nous trouvons très bien de faire les tas de bois américains à l'air libre, et ceux de bois européens dans une cave.

CHAPITRE VIII

Tout étant prêt pour le greffage, quel système employer ? — Structure de la greffe. — Greffe sur place et Greffe sur table. — Inconvénients de la première. — Greffe en fente. — Greffe dite de Cadillac. — Greffe anglaise. — Autres greffes. — Ligature. — Ne peut-on se procurer les greffes toutes faites ?

Rien ne nous manque à présent, nous pouvons greffer, mais de quelle façon ? Avant d'examiner les différentes sortes de greffes, M. Champin en décrit plus de cinquante dans son charmant *Traité de Greffage* (1), dont le monde viticole attend avec impatience une nouvelle édition, disons un mot de la structure de la greffe.

Bien entendu, greffons et porte-greffes doivent appartenir au genre vigne *(famille des Ampe-*

---

(1) Un volume introuvable, hélas ! aujourd'hui, Paris 1880, librairie Georges Masson.

lidées). Nous ne faisons pas l'injure au lecteur de le croire assez..... naïf pour penser qu'il soit possible de greffer un végétal quelconque sur un autre appartenant à une famille botanique différente. Les fables ridicules de vignes greffées sur la ronce, le cassis, le cognassier, le chêne, etc., sont allées rejoindre la légende du cerisier poussant sur la tête du cerf, blessé d'un noyau de cerise par le baron de Crac. Cette malheureuse question de la vigne a forcé tous ceux qui savent lire à s'approprier quelques notions scientifiques ; on n'ajoute plus foi aux greffes charlatanesques dont nous venons de parler et qui ont fait tant de bruit. Espérons du moins qu'il en est ainsi !

Mais d'abord, qu'est-ce que la greffe ? C'est la réunion d'une branche appelée *greffon* à un végétal de même nature appelé *porte-greffe* ou *sujet*. Pour faciliter la soudure des deux plantes juxtaposées, on les entaille mutuellement, et les deux plaies sont mises en contact, de telle façon que la partie ligneuse du greffon se rencontre exactement avec la partie ligneuse du sujet et surtout l'écorce avec l'écorce. Car c'est par l'écorce seulement et grâce à la circulation d'une sève spéciale appelée *cambium*, suintant entre le bois et l'écorce, que se forme la soudure dont nous parlons, que la greffe *reprendra*.

Le bois ne s'unira jamais au bois; il suffit, pour s'en convaincre, de trancher une greffe reprise, c'est l'écorce qui s'unira à l'écorce, autour se formeront de nouvelles couches ligneuses nommées *bourrelet*, ces couches en se superposant augmentent chaque année l'adhésion des deux végétaux unis par le greffage.

Il est facile de comprendre maintenant que la greffe qui aura le plus de chances de réussite sera la mieux faite, c'est-à-dire celle dans laquelle les parties de semblable nature seront mises en contact le plus exactement. On les maintiendra du reste au moyen d'une ligature. Nous en parlerons plus loin.

Une remarque qui a bien son utilité ; c'est que la dureté du bois de la vigne, et la propriété spéciale que présente son écorce de ne pas recouvrir les blessures faites au tronc, nécessitent que la portion greffée soit mise à l'abri de l'air par une légère couche de terre, un *buttage*.

GREFFE SUR PLACE ET GREFFE SUR TABLE

Toutes les greffes que l'on peut pratiquer sur la vigne peuvent être faites :

Sur place : c'est-à-dire sur un sujet planté à sa place définitive depuis une ou plusieurs années.

Sur table : c'est-à-dire sur un sujet enraciné ou bouture qui ne tient plus à la terre.

GREFFE SUR PLACE

Les Méridionaux, qui, nous l'avons dit plusieurs fois, ont été nos devanciers dans l'art de greffer un vignoble tout entier, ont, jusqu'à ces dernières années, eu recours exclusivement à la greffe sur place.

Je ne puis m'empêcher de sourire en pensant au portrait humouristique qu'a tracé notre maître, M. Champin, des malheureux obligés, pour pratiquer cette greffe, de se mettre à genoux : « dans une terre humide et boueuse, avec la tête en bas et le reste en l'air ; le tout exposé au froid, à la bise et aux raffales du printemps. »

Le tableau est vivant dans tous ses détails et cette nécessité de greffer plus bas que terre rend véritablement l'opération bien pénible.

Mais nos paysans ne craignent pas leur peine, et ne connût-on pas d'autre moyen de greffer, qu'ils gagneraient quand même les plus belles douleurs de rhumatisme du monde le jour où ils seraient, comme ceux du Languedoc ou du Beaujolais le sont, convaincus de la nécessité du greffage.

Là n'est donc pas la difficulté. Elle réside principalement dans ce fait, qu'il faut opérer au printemps, à une époque où les belles journées sont quelquefois très rares, ce qui ajoute beaucoup aux difficultés de la pratique...... et au mémoire de l'apothicaire. Voilà pour ce qui concerne le greffeur.

Pour la greffe elle-même, c'est bien autre chose. L'expérience a prouvé que la chaleur des rayons solaires est pour beaucoup dans la réussite de l'opération. Le nombre des reprises et surtout des bonnes reprises sera beaucoup plus considérable sous un climat chaud, dans un champ bien exposé, que dans un terrain froid et humide, exposé aux répercussions de sève. Pouvons-nous sous ce rapport nous comparer au Languedoc, à la Provence, voire au Bordelais? C'est bien le même soleil, mais nous sommes plus éloignés du foyer central.

La conséquence est facile à prévoir, beaucoup de greffes nous feront faux bond et alors, c'est un point sur lequel nous ne saurions trop appuyer, vous aurez des vides, beaucoup de vides peut-être, dans vos rangs de ceps. Un de nos voisins, grisé par un premier succès d'une reprise sur place de 80 %, a obtenu l'an dernier 5 % à peine !

Nous adressant à ceux qui savent ce que c'est qu'une vigne, nous leur dirons : voyez-vous ces vides, le quart seulement, si vous voulez, et ce chiffre de 25 % s'obtient rarement, vous allez remplacer les greffes manquantes par d'autres ; mais celles-là ne reprendront pas toutes, et ces quelques trous nouveaux, comment les combler ? Songez au développement que prennent les vigoureuses racines du sujet américain, songez que les plantations du centre sont rapprochées, nous vous conseillerons tout à l'heure un mètre, et voyez ce que deviendront ces nouvelles recrues au milieu des vétérans en place depuis trois ou quatre années. Ah ! peut-être que l'effet serait différent si nous plantions à $2^m 75$ de distance comme dans le Midi.

Non il ne faut pas songer, sous notre latitude, à la greffe sur place. Ici, où tout le monde s'en était entiché, et où la greffe est pratiquée depuis neuf ou dix ans, personne ne veut plus en entendre parler. Il paraît même qu'elle perd beaucoup de ses partisans parmi les Méridionaux. Nous ne pouvons nous empêcher de nous féliciter d'avoir personnellement contribué à ce résultat. Dès 1883, Mme la duchesse de Fitz-James s'avouait, sur ce sujet, convertie à nos idées ; elle voulait bien nous en donner publiquement l'assurance aux conférences de Villefranche en 1884.

Employons donc uniquement la

GREFFE SUR TABLE

Avec celle-là, tous les inconvénients que nous venons de signaler disparaissent. Vous prenez vos sujets, racinés ou boutures, vous les emportez chez vous, au coin d'un bon feu, s'il fait froid, et dans tous les cas à l'abri des intempéries, vous les coupez de longueur suffisante, 20 à 25 centimètres environ, en observant de laisser deux yeux, si vous opérez sur des boutures, et voilà, tout préparé, le piédestal de ce greffon destiné à vous donner joie et fortune.

Maintenant à laquelle des cinquante espèces de greffes dont nous parlions tout à l'heure, allons-nous donner la préférence ? La réponse du praticien est bien simple : on n'emploie guère aujourd'hui qu'un des modes de greffage suivants :

GREFFE EN FENTE

Cette greffe est utile surtout lorsque les sujets sont plus gros que les greffons dont on dispose. Aussi est-elle très employée pour les greffes sur place dans l'Hérault et le Gard. La figure 35 ci-après, qui en donne une idée très exacte, nous dispense d'expliquer comment elle se pratique. Elle se modifie de bien des façons : on peut ne la faire que latéralement ce qui permet, lorsque la souche est d'un fort diamètre, d'y insérer deux ou trois greffons et même davantage (1).

Nous ferons un reproche à la greffe en fente et même deux : 1° Elle donne naissance à des bourrelets souvent volumineux, très longs à disparaître ; 2° elle résiste mal aux vents parfois si terribles dans nos vallées.

---

(1) Consulter le *Traité de Greffage* précité, de M. Champin, et l'*Art de greffer*, de M. Charles Baltet, l'habile horticulteur de Troyes, G. Masson, éditeur, Paris.

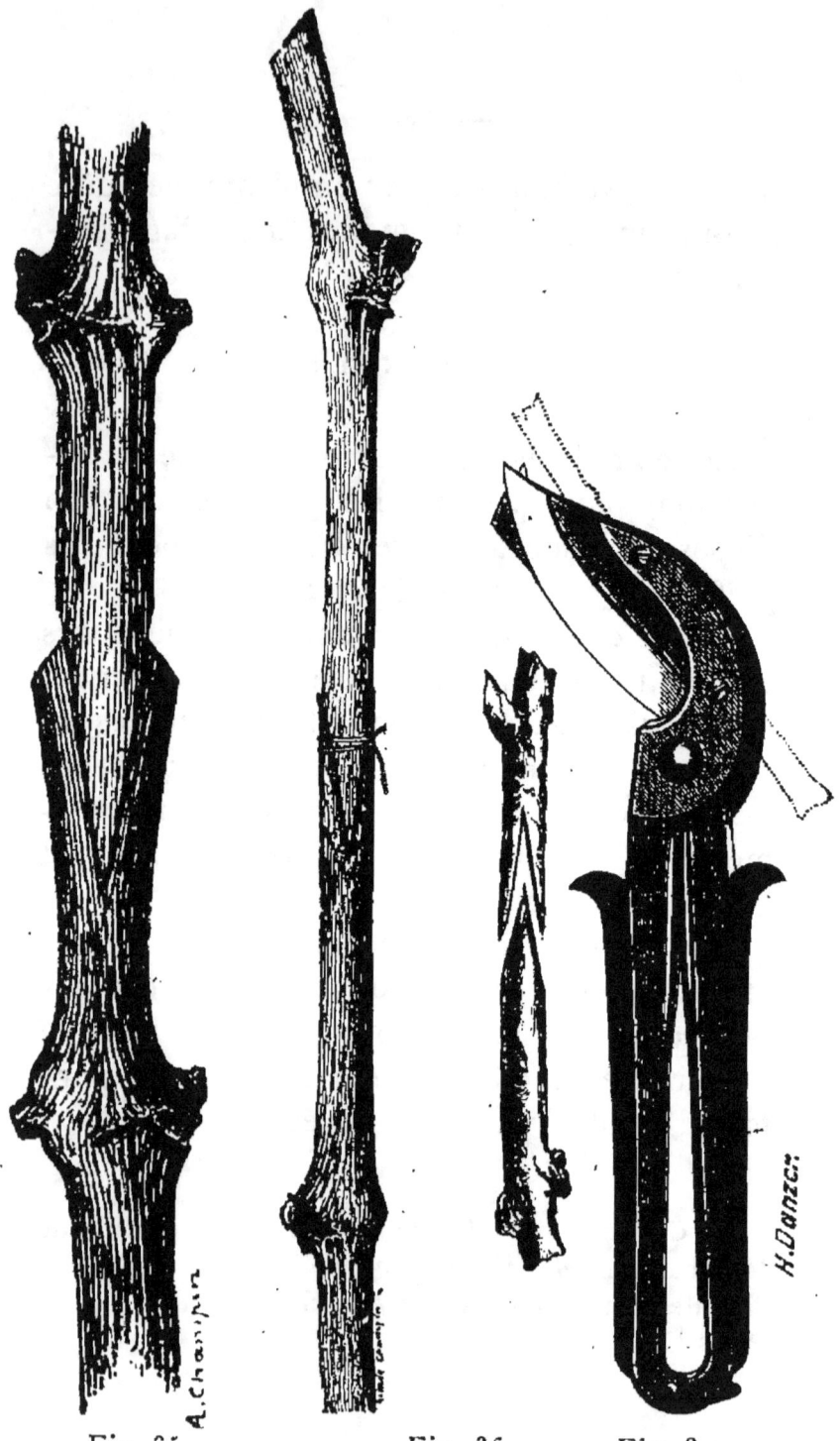

Fig. 35.   Fig. 36.   Fig. 37.

GREFFE EN FENTE ÉVIDÉE

Avec celle-là, dont la fig. 36 de la page précédente donne également une idée très exacte, les deux inconvénients, que nous venons de signaler, disparaissent. Il en est de même d'un autre défaut capital de la greffe en fente ordinaire : l'imperfection de la soudure de l'extrémité des biseaux tronqués. Ici les biseaux finissant, on le voit, sans épaisseur, se ressoudent facilement. De même dans la greffe inverse de celle-ci, où l'on insère le porte-greffe dans le greffon, au lieu d'introduire le greffon dans le porte-greffe, comme l'indique la figure. Cette greffe renversée est plus commode pour les souches en place.

Les deux greffes en fente évidée que nous venons de décrire sont malheureusement assez difficiles et longues à exécuter, bien qu'on ait imaginé des greffoirs spéciaux, à lames étroites, qui sont d'un puissant secours. Elles ne doivent pas être confondues avec celles dites à cheval ou à cheval renversé, dans lesquelles les biseaux ne sont point amincis, les *talons* qui subsistent dans cette dernière greffe sont même utiles dans le cas où l'on voudrait obtenir l'enracinement d'une variété rebelle au bouturage.

M. Despujol a imaginé pour faire la greffe évidée en place une sorte d'emporte-pièce très ingénieux que nous représentons précédemment, p. 191, fig. 37.

GREFFE EN FENTE DITE DE CADILLAC

Celle-ci, introduite plus nouvellement parmi nous, présente, dit-on, de sérieux avantages. La figure 38 ci-après permet de saisir l'un des principaux : c'est de ne pas détruire la végétation de la souche sur laquelle on opère, les rameaux du porte-greffe subsistant, continuent à végéter, absorbent une grande partie de la sève qui *noie* souvent le greffon, dans la greffe en place surtout.

M. Gaillard, de Brignais (Rhône), lui a fait subir quelques modifications et affirme qu'elle donne des résultats inespérés.

A tous les points de vue, nous croyons devoir faire ici toutes nos réserves, en premier lieu parce qu'il s'agit d'une greffe utilisable surtout sur place, et que nous avons dit le peu de valeur de ce système chez nous, en second lieu parce que c'est encore une greffe longue

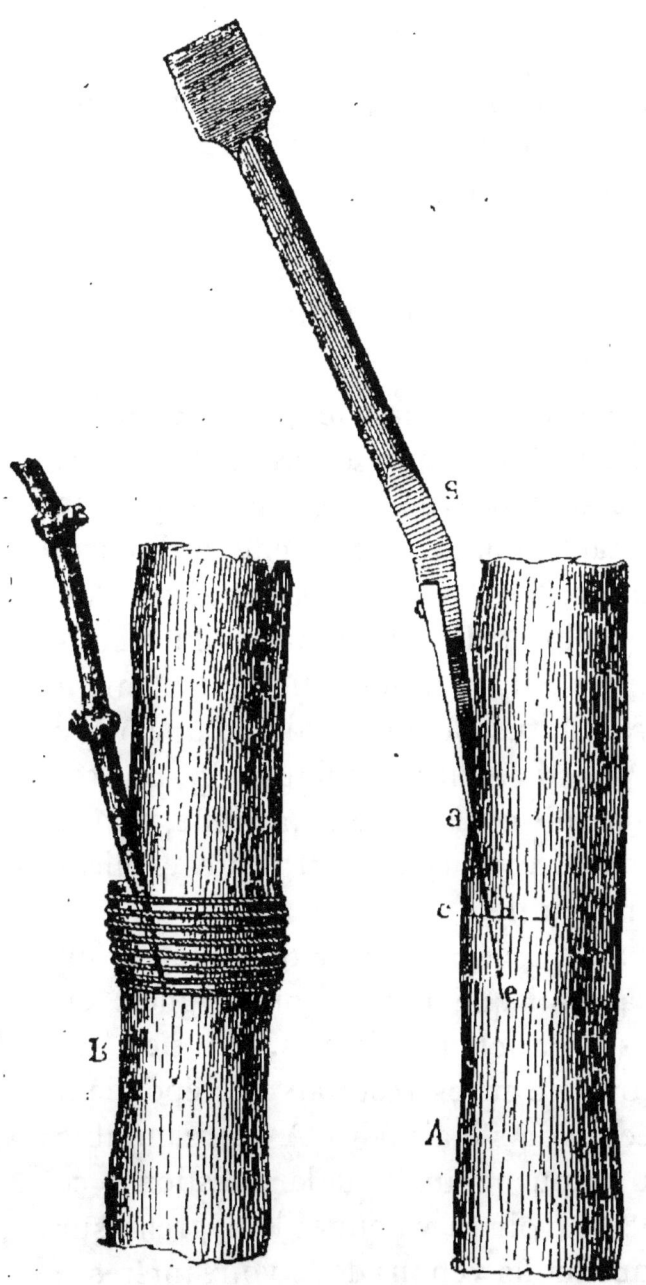

Fig. 38.

et difficile, et qu'enfin chaque année voit éclore de nouveaux procédés.

Citons encore cependant:

LA GREFFE AU BOUCHON

Une de celles qui a fait le plus de bruit. C'èst M. Paul Alliès qui en est l'inventeur. Cette greffe se distingue uniquement par sa ligature; étant donné une greffe ordinaire, surtout une greffe anglaise, on la recouvre d'un bouchon ou plutôt de deux moitiés d'un bouchon rejointes par un fil métallique fortement serré. Ce résultat est obtenu à l'aide d'une pince imaginée par M. Alliès. La figure 39, qui représente à la fois cette pince et la greffe, donne une idée parfaite de celle-ci et toute explication devient inutile.

Il s'est passé, à l'égard de cette greffe, un fait analogue à celui que nous avons signalé en parlant des producteurs directs, on s'en est engoué trop vite et les résultats ne répondent pas à l'idée qu'on s'était faite. A notre humble avis on a détourné un peu la question : ce système peut avoir sa valeur si l'on greffe sur place, ce qui, nous venons de le voir, intéresse peu notre région. Il peut surtout être utile pour opérer hors de terre une greffe aérienne, que le bouchon protège contre toute intempérie. Quant à rendre les mêmes services au greffeur sur table, en chambre, c'est une autre

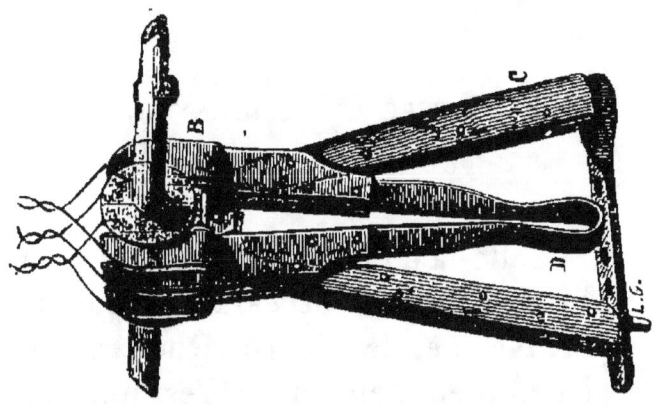

Fig. 39.

affaire. Il faut attendre, pour savoir à quoi s'en tenir, les résultats de plusieurs années d'expériences.

GREFFE CHAMPIN

C'est une modification de la greffe anglaise, modification plus ou moins heureuse qui a le défaut de laisser subsister des talons et qui, par ce motif, est à peu près abandonnée aujourd'hui. Nous croyons cependant devoir en parler, ne serait-ce que par égard pour son inventeur, et surtout parce qu'elle a été certainement une des fées bienfaisantes qui ont contribué à la naissance de l'excellent et si intéressant *Traité de Greffage*, dont nous avons parlé.

GREFFE REYBAUD-LANGE, DITE AUSSI GREFFE NESME

Celle-là a eu récemment son regain de célébrité, grâce au succès avec lequel l'a pratiquée M. Nesme, de Fleurie (Rhône), en la modifiant légèrement peut-être. C'est une greffe anglaise plus difficile à exécuter, parce qu'elle comporte un grand nombre de languettes, ce qui augmente les chances de dessication. Nous ne nions pas cependant que, pratiquée par un opérateur habile, elle ne donne de bons résultats. M. Nesme l'a prouvé ; un simple vigneron ferait-il démonstration aussi concluante ?

Il nous est impossible, on le comprend, d'entrer dans de grands détails sur chaque système, c'est pourquoi nous ne mentionnerons pas toutes les innombrables greffes écloses dans le cerveau des inventeurs. Citons seulement celle qui a fait le plus de bruit, et qui consistait à enter deux racinés l'un sur l'autre pour supprimer, après la reprise, le pied français et la tête américaine, la greffe Baborier nous a causé de trop cruelles déceptions pour que nous ne déconseillions pas un peu l'essai bien inutile de ces rapprochements bizarres, qui ne produisent ordinairement que des déboires. A peine peut-on les tenter par curiosité ou dans le cas où l'on cherche à conserver une variété précieuse. Demandez plutôt à un de nos voisins, qui avait greffé plusieurs hectares en tire-bouchon ! Que voulez-vous ? Il y a des gens qui cherchent à parvenir à la fortune par des chemins tortueux, tout au moins par une ligne moins droite que celle qu'a suivi l'insuccès de l'opération du dit voisin.

Franchement aucune de ces greffes plus ou moins hétéroclites ne nous semble devoir supplanter de sitôt celle que nous allons décrire ; elle a le tort, il est vrai, d'être l'une des plus simples et des plus faciles à exécuter. Nous avouons que c'est peut-être là ce qui nous la fait préférer, et puis, comme nous mettons la main à la pâte, nous devons être un peu routinier. Depuis plus de dix ans nous réussissons avec celle-là et c'est pourquoi nous donnons notre préférence à la

GREFFE ANGLAISE   A

Dès le début on a reconnu la supériorité de de cette greffe sur toutes les autres. C'est la seule enseignée dans les Ecoles de Greffage de la Société Régionale de Viticulture de Lyon (1).

On voit par la figure ci-contre que grâce aux deux languettes qui la maintiennent au centre, en A, sa solidité est certaine. Elle est si

---

(1) Cette Société est la créatrice de ces Ecoles qui ont si utilement vulgarisé la pratique de la greffe. Les premières ont été ouvertes en l'année 1883 et depuis cette époque, sans le secours d'aucune subvention, elle a pu maintenir florissantes toutes celles qu'elle avait installées.

Ces écoles, pratiques à tous les points de vue, ont servi de modèle à tous ceux qui se sont occupés de créations identiques, et M. Vincey, alors professeur départemental d'Agriculture, n'a eu qu'à se louer des moniteurs placés à la tête de ses premières écoles. Ces moniteurs ayant été choisis parmi les meilleurs élèves diplômés des premières Ecoles.

grande que dans les greffes bien ajustées on pourrait presque se passer de ligature.

La première chose à faire pour bien opérer est de choisir le porte-greffe et le greffon de grosseur égale, 6 millimètres de diamètre au minimum, nous avons indiqué la longueur de l'américain, le greffon européen devra, de préférence, posséder deux yeux. Pourquoi ? C'est que nous plaignons les borgnes, qui sont voués à la cécité complète au premier accident ; bien souvent notre greffon n'émettra qu'un seul bourgeon.

Ce choix bien fait, et on y arrive rapidement, il faut obtenir une coupe nette et franche, sous un angle de 16 à 18 degrés, comme l'indique le tracé ci-joint. Ni trop longue, parce que les biseaux se dessèchent vite et que la bonne juxtaposition des surfaces est plus difficile à obtenir et à maintenir ; ni trop courte parce qu'on y perd en solidité, puis les surfaces en contact doivent être suffisantes.

Fig. 41.
Inclinaison théorique de la coupe.

La languette doit être pratiquée au tiers du biseau, et courte aussi bien chez le greffon que chez le porte-greffe. Un détail qui a son importance: c'est, en retirant la lame qui a fait la refente, de relever un peu l'extrémité de chaque languette, l'assemblage sera plus facile.

LIGATURE

Ici encore la pratique a joliment simplifié la question. On ne se sert plus aujourd'hui que de raphia du Japon, espèce de palmier que beaucoup ont cru être simplement notre alfa d'Algérie. Les uns l'emploient tel qu'ils le reçoivent, les autres le fortifient en le plongeant pendant vingt-quatre heures dans une dissolution contenant 1 à 2 $^{oo}/_{oo}$ de sulfate de cuivre. Cela dépend, à notre avis, de la qualité des brindilles employées. Le desideratum est d'arriver à ce que la ligature tienne juste le temps nécessaire à la reprise de la soudure, et pas davantage, afin d'éviter l'étranglement, quelquefois même la section de la jeune tige.

Le lien doit être serré assez fortement et les anneaux qu'il forme autour de la greffe assez espacés pour que rien ne gêne la formation du bourrelet.

Nous ne parlons pas des mastics ou enduits, l'expérience ayant prouvé que tous sont plutôt nuisibles qu'utiles.

NE PEUT-ON SE PROCURER LES GREFFES TOUTES FAITES ?

Ce n'est point que nous songions ici aux paresseux, ceux-là ne nous liront point, notre sujet ne pouvant guère les divertir. Nous avons en vue, au contraire, ceux qui veulent reconstituer promptement et croient qu'il est facile de rattraper le temps perdu.

Les greffes que l'on peut se procurer dans le commerce sont de deux sortes: celles qui viennent d'être fabriquées et celles plus ou moins bien soudées qui ont passé un an en pépinière. Nous déconseillerons absolument l'emploi des premières. Tout à l'heure nous expliquerons combien la dessication la plus légère de ces minces biseaux peut nuire à la reprise des pauvres mutilées. Nous plaignons ceux qui ne craignent pas de les exposer à un long voyage au sortir de l'atelier. On comprend facilement aussi, étant donné ce qui a été dit de l'union exacte du bois et des écorces, que tout relâchement possible dans la ligature peut être une cause d'insuccès.

Quant aux greffes toutes soudées, la question est délicate à aborder. Qu'on se reporte seulement à ce que nous avons dit dans le chapitre précédent de la fertilité des greffons à employer, et on comprendra que la confiance est une belle chose, mais que l'œil du maître a bien son utilité.

Non pas que nous voulions nuire à qui que ce soit. En France, Dieu merci ! il y a bien des commerçants qui ne consentiraient jamais à vendre des vins....espagnols pour des Médoc ou des Bourgogne; malheureusement les comptes-rendus des tribunaux correctionnels nous apprennent aussi quels horribles mélanges on décore du nom de vin !

Remarquez du reste que le pépiniériste, s'il ne récolte pas ses bois chez lui, peut être de très bonne foi. Mais nous avons vu des Vialla que l'on prétendait cueillis là où nous savions pertinemment que ce cépage était inconnu.

Si donc vous êtes obligé de vous procurer des greffes toutes faites, agissez avec prudence.

CHAPITRE IX

Organisation d'un atelier de greffage — Outils à employer. — Soins à donner aux greffes. — Stratification. — Epoque la plus convenable pour greffer.

Bien entendu nous ne nous occupons que de l'atelier de greffage sur table, celui du greffeur sur place est aménagé par la nature.

Le local choisi doit être assez vaste, bien clair, et pourvu d'un système de chauffage permettant d'oublier le froid et la pluie qui font probablement rage au dehors, car le travail qui nous occupe est un des meilleurs que l'on puisse faire les jours de mauvais temps. Comme mobilier : des tables et des chaises. N'oublions pas au moins les sécateurs et les serpettes et surtout celui dont nous n'avons encore rien dit : l'outil servant à faire la greffe.

Les ouvriers des premiers jours avaient volontiers recours aux machines à greffer il s'en est créé de toutes formes ; tous les systèmes avaient leurs partisans et leurs détracteurs. On en invente encore de nouvelles chaque jour. Quelle est la meilleure ?

Ici nous ne pouvons pas être taxé de pessimisme puisque, pendant bien des années, nous avons employé les machines. Eh bien ! la meilleure ne vaut pas grand chose. Une seule présentait quelques avantages sérieux, c'est la machine de M. Petit, ingénieur à Toulenne-Langon (Gironde).

Son emploi est des plus simples ; seul le réglement des plans inclinés sur lesquels reposent les lames de fente et de refente, présente quelques difficultés. Ces lames doivent être aiguisées fréquemment, avec soin. L'angle donné à l'inclinaison des plans modifie la longueur de la coupe. Avec un peu de patience on arrive à mettre la machine au point, grâce aux vis de pression placées au-dessous des tablettes. Alors on fera d'assez bonnes greffes, surtout beaucoup, avec un seul ouvrier sachant greffer, secondé par un certain nombre de lieurs ou de lieuses.

Dans notre atelier, à une époque où les greffeurs habiles manquaient, deux machines suffisaient au travail de quatre personnes coupant, triant et ajustant les bois, et de trois bonnes lieuses. Neuf personnes en tout, dont deux seuls greffeurs, faisaient environ trois mille deux cents greffes par journées de dix heures de travail.

Nous décrivons cette seule machine parce que nous la croyons bonne. employée dans les conditions que nous venons d'indiquer. Elle peut rendre de très grands services dans les pays où l'on n'est pas encore familiarisé avec l'usage du

COUTEAU-GREFFOIR

Voilà le meilleur de tous les outils. Non-seulement il ne possède aucun ressort à boudin ou autre, avantage que présente du reste la machine Petit, mais encore il n'y a à redouter avec lui aucune complication de réglage des plans inclinés. Son prix est modeste, il ne nécessite pas d'autre accessoire qu'une bonne pierre à aiguiser, celle dite du Levant doit être seule employée, les autres usent trop vite et donnent un fil grossier. Tous les couteliers le fabriquent plus ou moins semblable au greffoir Kunde, reproduit par la figure ci-après.

Pourquoi faut-il que nous nommions ici, bien malgré nous, un outil fabriqué à Dresde? La vérité nous oblige à reconnaître que ce couteau allemand est d'excellente trempe. Hâtons-nous d'ajouter que nos ouvriers français ont cependant réussi à nous donner des greffoirs de bonne qualité.

Fig. 42

L'emploi de l'instrument si simple qui nous occupe est des plus faciles : Le greffeur, tenant en main, successivement le porte-greffe, saisit son couteau de la main droite, son sarment de la main gauche qu'il appuie contre sa poitrine pour conserver une immobilité complète, puis il tire le couteau de gauche à droite en remontant légèrement, et l'instrument glissant coupe et scie en même temps, pour ainsi dire, de façon à produire la coupe de dimensions ci-dessus indiquées. Le grand art est de faire cette section aussi nette que possible et pour cela d'arriver à l'obtenir d'un seul coup. La refente se fait immédiatement.

Un dernier conseil: c'est de se méfier des ouvriers trop expéditifs. Nous estimons que, pour bien faire, un bon greffeur ne peut guère dépasser le chiffre de 300 greffes sur table en un jour, s'il les lie lui-même, coupe et choisit son bois, bien entendu.

SOINS A DONNER AUX GREFFES.

STRATIFICATION

Bien ajuster ses greffes n'est pas tout, il faut entourer de tous les soins possibles ces malheureuses amputées, et ne pas oublier surtout que la moindre dessication peut compromettre la reprise. Les bois doivent être tenus constamment humides.

Aussitôt greffés, nous les plaçons dans des caisses recouvertes d'un sac mouillé, puis la caisse pleine, elle en contient 5oo environ, nous la portons près du tas de sable, humide aussi, où nous allons placer ces greffes, une par une, sur leur lit de convalescentes. Opérons comme pour la première mise en stratification après la taille : un lit de greffes, un lit de sable d'au moins 15 centimètres d'épaisseur, et ainsi de suite en attendant le jour où le soleil indispensable viendra frapper à la porte du greffeur devenu planteur.

Quelques-uns remplacent le sable par la mousse et opèrent dans de grandes caisses qu'ils transportent plus tard sur les lieux mêmes de la plantation. Notre crainte de voir la mousse s'échauffer, ou moisir, nous a toujours fait donner la préférence au sable.

EPOQUE LA PLUS CONVENABLE POUR GREFFER

Il n'est pas possible de fixer la date où doivent commencer les opérations du greffage. Sera-ce en mars, avril, mai, voire en février ou juin ? Nous n'avons jamais pu trouver qu'une réponse à cette question qui nous est journellement posée :

Le jardinier qui veut écussonner un rosier, ou greffer un arbre quelconque, s'assure toujours de l'état de son sujet, il n'opère que s'il est en sève. Ainsi nous avons toujours agi à l'égard de cet arbuste qu'on appelle la vigne, nous nous en sommes parfaitement trouvé. Chaque année nous commençons nos greffages seulement au moment où les bourgeons grossissent, ordinairement du 15 mars au 15 avril. Plusieurs fois, voulant utiliser un nombreux personnel, retenu à la maison par la neige ou la gelée, nous avons voulu commencer plus tôt; ces tentatives prématurées ne nous ont guère réussi. Les greffes tardives donnent constamment de meilleurs résultats que celles du premier printemps. Cela est surtout vrai pour la greffe aérienne au bouchon, c'est même un des avantages principaux de ce procédé, s'il en a.

CHAPITRE X

Pépinière de greffes. — Plantation. — Buttage. — Arrosage. — Sevrage des greffons. — Arrachage et triage des greffes.

Serons-nous taxé d'orgueil si nous disons avoir créé la première des pépinières de greffes du Beaujolais ? Notre mérite est, du reste, bien diminué par ce fait qu'il nous était impossible de combler les vides existant dans nos vignes greffées les premières et mises à demeure aussitôt après.

C'était au début de la question, M. Champin seul recommandait la greffe sur boutures, Mme Ponsot s'en déclarait l'adversaire dans un récent opuscule, les autres écrivains traitant de la matière n'en disaient mot. Au mois d'avril 1881 nous voulions greffer, et, n'ayant à notre disposition que des boutures, payées déjà bien cher, les racinés étaient à un prix inabordable, nous écoutâmes les conseils du viticulteur de Salettes ; bien nous en prit.

Quel chemin cette idée a fait depuis !

Nous avons la curiosité de nous reporter à un article inséré, sous notre signature, dans le numéro de la *Vigne Américaine* du mois de juin 1882. Ce que nous écrivions alors est encore vrai aujourd'hui.

Faisons toutefois une réserve importante ou plutôt une rectification qui nous est bien un peu dure, mais prouvera notre amour de la vérité : Dans l'article dont nous parlons, dans maintes conférences faites depuis, un peu partout, nous avons prohibé sévèrement la plantation des greffes boutures à l'aide du fichon ou plantoir, que nous accusions de meurtrir le jeune plant.

C'était là une grosse erreur, aujourd'hui nous employons le fichon presque de préférence à la bêche et à la pelle, le maniement en étant plus rapide. Hâtons-nous cependant de plaider les circonstances atténuantes : nos ouvriers du début ont gagné en adresse, et le sol très argileux de notre pépinière s'est amendé considérablement, grâce aux nombreux tombereaux de sable que nous y enfouissons chaque année.

Plantez donc avec le fichon, surtout si votre

sol est meuble, seulement ayez soin de bien serrer la terre autour de votre bouture, de la *saisir*, le plus petit vide oublié peut causer la non réussite de la plantation ; c'est là que l'œil du maître doit veiller !

Cette erreur reconnue, notre *meâ culpâ* fait, reportons-nous au printemps 1881, date de la création de notre première pépinière, et, songeant surtout à ceux qui opèrent dans des terrains argileux, demandons la permission de transcrire ici ce que nous disions alors concernant la plantation de ces braves greffes-boutures :

« On ouvre un fossé de la largeur de la bêche et de la profondeur de 0^m 40 c. ; la terre est rejetée tout à côté. Le fond est garni de quelques centimètres de sable, un homme à genoux dans le fossé pique dans ce sable chaque bouture une à une et forme au pied, avec les mains, une petite butte dont la bouture est le centre.

« Un second ouvrier jette doucement dans le fossé la moitié de la terre enlevée, en ayant soin de bien l'émietter, et la dispose de chaque côté du rang de boutures ; puis il foule fortement cette terre avec les pieds chaussés de *sabots* et non de souliers. Il faut que la greffe soit *saisie* et ne puisse s'arracher, si on la tire en la prenant au-dessous de la coupe. Cette

— 213 —

première terre foulée ne doit pas, en effet, recouvrir la ligature.

« Un troisième ouvrier achève de remplir le fossé avec la terre restant, en ayant soin de laisser les jeunes plants découverts, parce que, le fossé une fois fini, il va revenir cacher tout ce qui ne l'est pas encore, c'est-à-dire le greffon tout entier, et à 3 ou 4 centimètres au-dessus de son extrémité, d'une couche épaisse de sable.

« Les boutures sont plantées dans le rang à 10 ou 12 centimètres l'une de l'autre ; et les rangs sont distants eux-mêmes de 0m50 centimètres.

« L'opération est terminée ; elle semble bien minutieuse, mais au bout de peu de temps, mes hommes sont arrivés à planter ainsi facilement 800 boutures, et plus, par homme et par jour. C'est donc un travail assez promptement fait. »

On peut encore planter en appuyant les greffes sur le talus même du fossé ; les figures ci-dessous (figures 43 à 49) nous dispensent de plus amples explications.

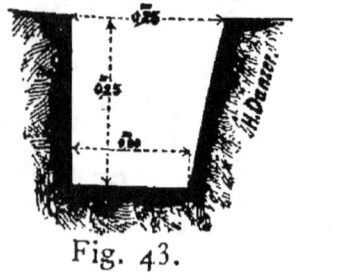
Fig. 43.
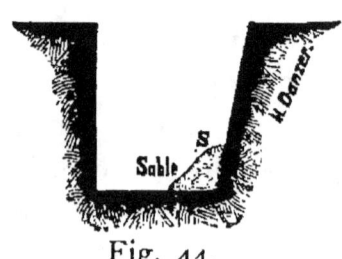
Fig. 44.

Fig. 45.

Fig. 46.

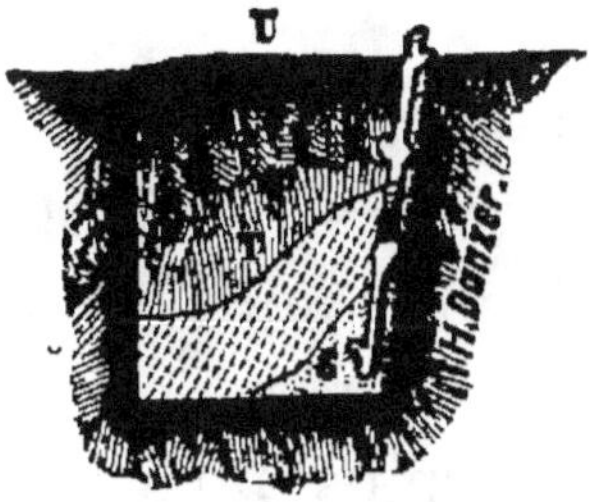

Fig. 47.

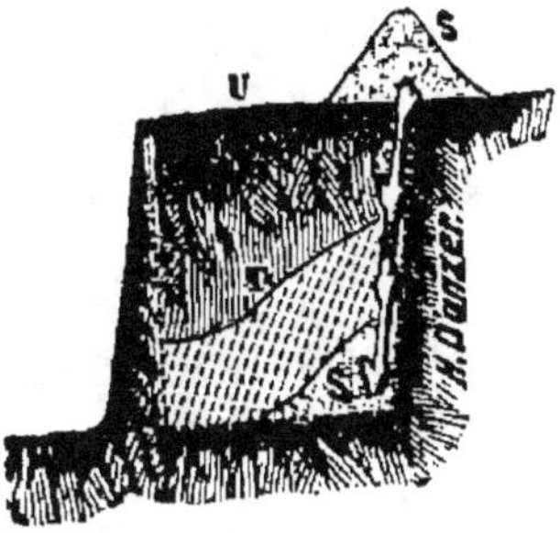

Fig. 48.

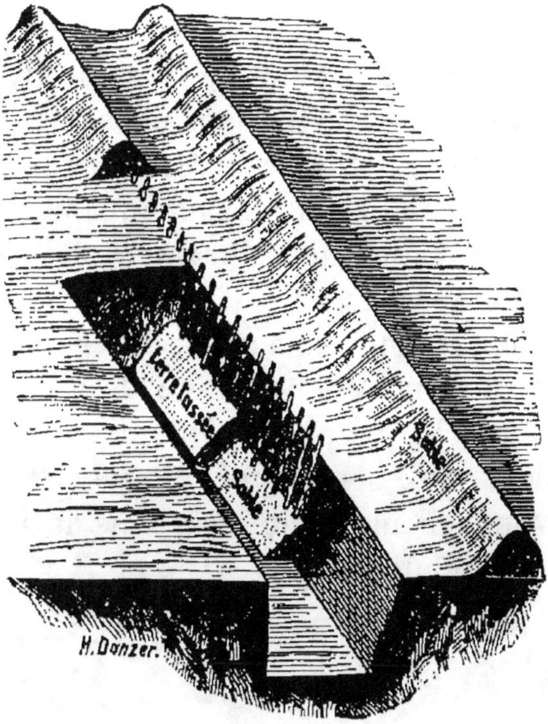

Fig. 49.

Nous appuierons encore sur la nécessité de bien recouvrir de sable la greffe tout entière, de la *butter*, car, quelle que soit l'épaisseur de cet abri, le bourgeon naissant saura bien le traverser, et le soleil et le vent ne pourront nuire à sa sortie du berceau de coton dans lequel la nature l'a enveloppé.

Nous parlons sans cesse de sable, est-il donc indispensable aux jeunes greffes ? Oui, répondrons-nous sans hésiter; à moins que le terrain ne soit très léger, le sable deviendra pour elles, non plus un amendement, mais un véritable engrais et le meilleur de tous. L'expérience prouve chaque jour que, surtout en terrain compact, les racines de la vigne en général se développent mieux dans un sable gras et fin, que dans le meilleur terreau. Ce résultat est dû, probablement pour beaucoup, à la propriété qu'a le sable de concentrer la chaleur des rayons solaires.

Bien entendu cela n'empêchera pas de fumer quand même la pépinière de greffes, nous le faisons chaque année et depuis dix ans que le même carré sert au même usage, nous n'apercevons aucune faiblesse dans la poussée des jeunes boutures.

ARROSAGES

Encore une question discutée que celle de l'arrosage des greffes mises en pépinière. Nous croyons qu'on s'en occupe beaucoup trop et qu'il suffit de maintenir un peu humide la couche qui recouvre les greffons, seulement au moment où le bourgeon cherche à traverser une croûte quelquefois très dure. Il y a quelques années nous mouillions à fond ; à moins de sécheresse extraordinaire, agir ainsi est inutile, nuisible même.

Par le temps de mildew, d'anthracnose, et autres maladies cryptogamiques qui court, nous disons qu'il faut aux jeunes greffes le moins d'humidité possible. Plantez profond, de façon à ce que l'extrémité supérieure du greffon arrive tout juste au rez du niveau du sol, recouvrez de 5 ou 6 centimètres de sable gras, naturellement humide, et laissez vos arrosoirs aux mains du jardinier qui en tirera meilleur profit que le vigneron.

SEVRAGE DES GREFFONS

Nous demandons une seconde fois la permission de nous reporter à l'article précité de la *Vigne américaine*. Voici ce que disait l'un de nous, en 1882, des soins à donner aux greffes; nous le répétons encore aujourd'hui sans y rien changer :

« Par exemple, s'il est important de soigner le greffage et la plantation, il est mille fois plus urgent de surveiller sa pépinière et surtout de faire enlever, au moins deux fois dans l'année, fin juillet et fin septembre, pour notre région, les racines qui poussent sur le greffon. J'insiste sur ce point parce que j'ai acquis la conviction formelle, basée sur l'expérience, que c'est là le secret de tous ceux qui réussissent la greffe sur bouture. A mon avis, la suppression de ces racines d'affranchissement est pour les neuf dixièmes au moins dans le succès de la soudure.

« Qu'un homme, qui ne veut pas suivre cette prescription *à la lettre*, renonce à greffer; il n'aura que des déboires à l'arrachage. J'ai observé, et tous mes ouvriers avec moi, qu'une seule radicelle oubliée assurait le décollement de la languette sur laquelle elle est fixée. La présence de plusieurs radicelles est une preuve certaine de l'insuccès complet de l'opération. »

Si profond qu'on ait planté, les jeunes racines sont si tendres que le travail *indispen-*

sable dont nous parlons s'exécute rapidement. Que de fois n'avons-nous pas admiré la végétation de pépinières qui n'ont donné que déception à l'arrachage! Tous les néophytes du greffage en savent quelque chose.

Nous ne parlons pas de la suppression des bourgeons provenant du porte-greffe, la question est par trop élémentaire, et l'intrus à congédier est si visible qu'il nous semble inutile d'appeler plus longuement l'attention sur ses méfaits.

Et maintenant si vous traitez votre pépinière comme s'il s'agissait d'un carré de choux, c'est-à-dire si vous binez légèrement pour détruire les mauvaises herbes, nous vous garantissons une moyenne de bonnes soudures variant entre 50 et 75 %, surtout si vous avez à faire à des variétés reprenant facilement comme l'Elvira ou le Vialla. Ce succès n'équivaut certainement pas au cent pour cent que disent obtenir les Méridionaux, on va même jusqu'à dire cent cinq pour cent. Que d'éclosions facilite le soleil des bords de la Méditerranée!

ARRACHAGE ET TRIAGE DES GREFFES

Les greffes sont reprises, il va falloir les mettre à leur place définitive, mais bien entendu les arracher auparavant. Encore une opération délicate. Sans parler des ménagements que nécessite la tige, les racines ont bien aussi leur importance et doivent être épargnées autant que possible par la bêche ou le trident de l'ouvrier.

Bien que la soudure soit faite depuis plusieurs mois, puisqu'on ne transplante jamais un sujet en végétation, la membrane qui recouvre la blessure est fragile. Il faut donc saisir le jeune plant arraché avec précaution, vérifier si l'adhérence du porte-greffe et du greffon ne laisse rien à désirer, enlever les quelques racines d'affranchissement qu'on a pu oublier, faire en un mot ce que le *Cuisinier royal* appelle parer la pièce. Surtout rejeter impitoyablement tout ce qui n'est pas parfait, le casser. Quant à ce qui est à peu près irréprochable, c'est-à-dire ne présente que quelques imperfections, on peut l'utiliser dans un coin choisi spécialement, afin d'éviter ces terribles vides dans une vigne, vides que nous savons si difficiles à combler.

Cette fois-ci nous n'avons réellement plus qu'à planter, quelle satisfaction ! Elle est certainement dix fois plus grande pour celui qui a fait ses greffes que pour celui qui se les est procurées à prix d'argent; cette seule considération nous ferait insister encore sur l'avantage qu'il y a de greffer chez soi. Chacun s'y intéresse et bien des châtelaines ne craignent pas aujourd'hui de quitter la laine pour le brin de raphia.

TROISIÈME PARTIE

PLANTATION ET CULTURE D'UN VIGNOBLE. — VIGNES JEUNES VIGNES ADULTES.

CHAPITRE I

Plantation à demeure, époque préférable. — Distance à observer pour les vignes greffées et non greffées.

Les travaux de culture diffèrent avec l'âge des ceps. C'est pourquoi, continuant à suivre rigoureusement la méthode exposée au début, nous nous occuperons d'abord de planter, puis de cultiver une vigne à sa première, à sa seconde et à sa troisième feuille ; nous passerons enfin à la même vigne d'âge adulte.

Suivant encore à cet égard l'ordre chronologique, nous nous occuperons, pour chaque âge successivement, des façons à donner au printemps, pendant l'été et enfin à l'arrière-saison.

Abordons de suite notre sujet.

PLANTATION A DEMEURE; ÉPOQUE PRÉFÉRABLE

Nous allons donc planter !

Oui, mais à quelle époque ? Sera-ce à l'automne, nous gagnerions ainsi une année ? Sera-ce au printemps, époque ordinaire des plantations ?

Tout d'abord se présente ici la question de la nature du terrain que nous avons étudié en le défonçant (voir les indications contenues au chapitre Ier de la 2me partie).

Or tous les horticulteurs savent qu'on ne doit planter à l'automne, que les sols qui s'égouttent facilement. Si au contraire l'humidité domine, il est préférable de planter au printemps. N'oublions pas que la vigne est un arbuste et rentre, à cet égard comme à tous autres, dans la loi commune.

Voilà déjà une considération théorique qui s'oppose à ce que nous mettions les greffes à demeure avant l'hiver. La pratique est plus concluante encore : nous avons vu les plantations faites avec le plus grand soin en automne, échouer d'une façon presque régulière, tandis que celles de sujets provenant de la même pépinière et mis en place au printemps, réussissaient à peu près complétement. C'est là un fait et cela devrait suffire, mais tant de gens demandent des pourquoi, que nous donnerons ici la seule explication qui nous semble rationnelle :

Au risque de nous répéter trop souvent, nous rappellerons que la soudure ne s'opère que par l'écorce. La membrane qui lie le greffon au porte-greffe est mince au début, par conséquent se dessèche rapidement si elle n'est entretenue dans une humidité relative. On sait que par les froids les plus vifs, les végétaux conservent, à moins d'être gelés, une certaine circulation de sève dans leurs tissus. Or, cette circulation est bien diminuée, presque annulée, aussitôt après l'arrachage; elle devra donc être rétablie promptement, car la dessication suivrait et serait mortelle pour le mince bourrelet qui nous occupe. Au printemps, le soleil se charge de ramener la circulation et d'empêcher les effets désastreux de l'arrêt de cette sève qui ne doit cesser de lubrifier la membrane de la soudure.

Telle est l'explication que nous avons bien souvent donnée de l'insuccès des plantations faites avant l'hiver. Sommes-nous dans le vrai ? Nous le croyons. Dans tous les cas le fait est positif : telle reprise à peu près totale d'une plantation du printemps ne sera pas de la moitié, peut-être du tiers, si on opère à l'automne. Singulière façon de gagner une année !

Quant à la manière dont il faut s'y prendre, interrogez le premier jardinier venu. Faites comme s'il s agissait d'un arbre, et, dans un trou de dimension suffisante, creusé à la bêche ou à la pioche, placez le jeune plant après avoir coupé (rafraîchi) l'extrémité des racines. Recouvrez ces dernières de sable ou de terreau suivant la nature du sol, puis tassez bien la terre qui achèvera de remplir le trou, de le combler, de façon à ce que la soudure se trouve un peu au-dessous du niveau du sol.

Nos vignerons beaujolais, qui depuis plusieurs siècles bouturaient la vigne et la plantaient au fichon, soutiennent qu'il y a bénéfice à supprimer presque complètement les jeunes racines. Bien plus, ils affirment que leur supression totale, qui permet alors d'employer leur fichon favori, est de beaucoup préférable. Les faits à l'appui, qu'on nous a signalés, sont de date trop récente pour nous prouver l'excellence du système. Peut-être est-il bon, surtout dans les terrains très argileux, où la terre se forme en gazons trop compacts, mais nous avons peine à comprendre que la présence des organes naturels à la plante nuise à une bonne reprise. Nous faisons donc à ce sujet les réserves les plus expresses.

De quelque façon qu'on enfouisse la greffe, nous engageons à ne pas la confier à la terre avant de l'avoir trempée dans une bouillie claire, un *pralinage*, obtenu en mélangeant à suffisante quantité d'eau, de la terre glaise et de la bouse fraîche provenant de l'étable.

Avons-nous dit ou plutôt recommandé de n'arracher les greffes qu'au moment même de la plantation? Ici encore il importe de prévenir tout dessèchement. La mise en jauge, surtout si le vent se met de la partie, nous a donné de bien grandes déceptions. Ce qui démontre une fois de plus l'utilité de puiser dans sa propre pépinière, au lieu d'avoir recours à un fournisseur plus ou moins éloigné, plus ou moins soigneux de ses emballages.

DISTANCE A OBSERVER POUR LES VIGNES GREFFÉES OU NON GREFFÉES

Elle doit être suffisante pour permettre aux racines de se développer facilement. Que dire de plus dans une région où l'on espaçait les ceps de façons bien différentes ? Pour ne parler que des vignes basses, l'usage mâconnais, beaujolais, forézien, était de mettre au minimum quinze mille ceps à l'hectare. Plus au sud le nombre diminuait, il est de quatre mille dans le vignoble languedocien ; dans le nord, au contraire, nous voyons les Champenois arriver à cinquante mille souches à l'hectare. Et s'il s'agit de vignes plantées en hautains, voire en chaintres, ce sera bien autre chose. Chaque vigneron, pour ainsi dire, aura en ce cas une opinion différente.

Ce qu'il y a de certain, c'est que le pied américain étant pourvu d'un système radiculaire exubérant, il faut planter plus large qu'autrefois. Dans le Rhône, nous plaçons nos ceps greffés à un mètre de distance les uns des autres en tous sens, ce qui nous donne, non plus quinze à seize mille ceps à l'hectare, mais seulement dix mille. Jusqu'ici cet espacement paraît suffisant. Hâtons-nous de dire qu'il l'est même dans le cas où la charrue est utilisée.

Sur cette question de distance des souches, rapportez-vous une fois de plus à l'usage des lieux, mais en tenant compte de la vigueur exceptionnelle des vignes greffées.

S'il s'agit de cépages américains non greffés, nous conseillerons hardiment de placer :

Les variétés destinées à donner du vin, les producteurs directs, à au moins 1^m 50 les uns des autres.

Et les pieds-mères qui doivent produire les plus beaux sarments porte-greffes possibles, au moins à deux mètres en tous sens.

Il semble que cet écartement plus grand diminuera d'autant l'abondance de la récolte. Cela est vrai pendant les deux ou trois premières années, mais le cep plus vigoureux portera un plus grand nombre de rameaux à fruits, partant une plus grande quantité de grappes et celles-ci de plus belle dimension. La meilleure preuve c'est qu'en l'an de grâce 1888 nos 10,000 pieds à l'hectare ont produit davantage que leurs 15 ou 16,000 prédécesseurs ne l'avaient jamais fait.

CHAPITRE II

Vigne à sa première feuille. — Taille. — Sevrage des greffons. — Buttages d'automne. — La Gelée, ses effets.

VIGNE A SA PREMIÈRE FEUILLE. — TAILLE

Les jeunes ceps demandent la première année une culture assez simple :

Tailler court quelques jours après la mise en place. Un seul courson (porteur) tranché au-dessus du second œil, et cela quelle que soit la destination future du cep. Cette première taille, surtout s'il s'agit d'un plant greffé, doit être faite à l'aide d'un sécateur, la secousse donnée par la serpette pourrait être funeste.

La taille une fois terminée, on donnera les mêmes binages, les mêmes soins, qu'à toute culture. Toutefois si la plantation est très exposée aux vents, il sera prudent de soutenir la jeune tige par un petit échalas.

SEVRAGE DES GREFFONS. — BUTTAGE D'AUTOMNE

N'allez pas oublier au moins d'enlever avec soin les racines que pourra émettre le greffon, et aussi les bourgeons partant du porte-greffe. Il suffit de faire une fois, en août ou septembre, le sevrage des racines, mais disons-le encore, comme pour l'année dernière dans la pépinière, cette opération est indispensable.

On pourra se servir d'une lame bien tranchante au cas où l'ongle serait insuffisant. Répétons qu'une seule racine d'affranchissement négligée peut produire le décollement de la greffe, même cette seconde année.

Cette façon nouvelle n'est pas la seule qu'exige la greffe. Le verglas, la gelée, lui seraient nuisibles, et, pour éviter des accidents, on devra, avant les premiers froids, ramener la terre autour du jeune cep, de façon à ce qu'elle atteigne, recouvre même, les premiers yeux, en un mot : faire un *buttage*. Employer pour cela une petite pioche de préférence, la charrue ne pouvant être introduite sans danger au milieu d'aussi jeunes vignes.

LA GELÉE ; SES EFFETS.

N'allez pas croire cependant que, même cette première année, les gelées d'hiver soient autant à redouter que l'ont soutenu les adversaires du greffage. Ont-ils assez publié, ressassé, affirmé, sans rien savoir bien entendu, qu'une gelée un peu forte détruirait les greffes et ne nous laisserait que les yeux pour pleurer sur nos souches devenues sauvages ? Nous avouons n'avoir jamais compris pourquoi il serait plus terrible de voir des ceps repousser à l'état de sauvageons, mais repousser quand même, que de ne pas les voir reverdir du tout. Le bois du reste vaut bien quelque chose, surtout s'il est produit par une bonne variété de porte-greffe, un peu producteur direct, comme il en existe.

Et que diraient ces frondeurs, à la science infuse, s'ils avaient constaté chez nous, qu'à la fin de l'hiver 1879-80, les trois quarts de nos ceps français ne donnaient plus signe de vie, tandis que, dans un même ténement, de jeunes greffes d'un et deux ans étaient superbes de végétation ? Elles le sont encore et toujours, malgré les froids survenus pendant les hivers suivants, notamment celui de 1887-88 qui a si fort malmené les jeunes plantations toutes françaises.

Non, la vigne greffée ne gèle pas plus que celle qui ne l'est pas, elle gèle même moins facilement l'hiver, et aussi au printemps, où l'on voit le greffon atteint reverdir mieux et plus vite que le cep indigène voisin. La raison en est simple : c'est la grande vigueur qui cause ces heureux effets et bien d'autres non moins appréciables pour le cultivateur.

CHAPITRE III

Vigne à sa deuxième feuille. — Taille et remplacement des ceps non repris. — Binages ou façons. — Echalassement. — Premiers raisins cueillis. — Encore le sevrage. — Fumure et Buttage.

Cette seconde année est celle pendant laquelle la culture de la vigne est le plus facile, elle ne doit cependant pas être négligée. L'homme ne se ressent-il pas toute sa vie des soins qu'il a reçus dans sa première enfance ?

Occupons-nous d'abord de la taille : Pour être moins rudimentaire que l'année précédente, cette opération ne sera pas encore bien compliquée cette fois-ci. S'il s'agit de vignes basses on laissera deux coursons, trois au plus, en observant de conserver les plus vigoureux et d'esquisser la forme que l'on veut donner aux ceps, d'en créer la charpente. Ces coursons devront être coupés au-dessus du premier œil, rarement du deuxième, non compris celui placé tout à fait à la base, le tout suivant la coutume du pays et aussi suivant le cépage. Si l'on veut préparer des hautains, tout en ayant égard aux errements locaux, on observera de tailler court pour ne pas épuiser la jeune souche.

N'oublions pas, quel que soit le système adopté, que la vigne greffée étant beaucoup plus vigoureuse que celle qui ne l'est pas, il sera bon de charger davantage, c'est-à-dire de multiplier les coursons. Nous y reviendrons surtout en parlant de la culture des années suivantes; les vignes à la deuxième feuille doivent être ménagées.

Pour les causes énoncées précédemment, l'emploi de la serpette devra être encore prohibé et le sécateur seul utilisé.

La saison est également propice au remplacement des ceps qui n'ont pas repris. On devra choisir les plus belles greffes dans la pépinière, les planter et les tailler de la même façon que les premières. Seulement apporter tous les soins à cette opération, fumer même encore pour permettre à ces jeunes recrues de faire tache dans le rang le moins longtemps possible.

BINAGES OU FAÇONS

Les vignes étant taillées et repiquées, cette opération se fait ordinairement de février en avril, les plantations tardives sont souvent préférables, principalement dans les sols humides, on songera à donner une première culture ou façon.

Notre intention n'est point d'entrer ici dans de grands détails ; ce qui se fait à cet égard dans le Rhône, ou les départements voisins, n'a aucun rapport avec la manière de procéder des Tourangeaux, des habitants de la Savoie ou des côteaux si pentifs de l'Hermitage. A chacun de cultiver comme il en a l'habitude, mais le mieux possible, bien entendu. Nous recommanderons, toutefois, pour ces vignes à leur deuxième feuille :

1° De donner cette façon du printemps à la main, le cep est si fragile, si petit, et les proportions du soc de la charrue si peu en rapport avec cet adolescent.

2° Et ceci s'adresse surtout aux vignerons qui, comme ceux du Beaujolais, font ce premier binage en déchaussant les ceps à l'aide d'une longue pioche, pour former entre les ceps de petits tas de terre (darbons) (1) qu'ils supprimeront plus tard, ce qui constituera la deuxième façon. A ceux-là, disons-nous, nous conseillerons de ne pas cultiver ainsi cette seconde année; le déchaussement de la greffe, de cette membrane de soudure encore si mince, pourrait causer de véritables désastres, surtout si les vents équinoxiaux se mettaient de la partie.

Le second binage, en juin ordinairement, ne sera pas donné plus profondément que le premier. Quant au troisième et au quatrième, s'il a lieu, comme il y est procédé ordinairement avec de simples râtissoires ou raclettes de jardin ; que ce sont en un mot simples façons de propreté, il n'y aura pas à redouter le déchaussement des souches.

En résumé, les vignes de deuxième feuille greffées devront être cultivées comme elles l'étaient jadis; mais vu la délicatesse des jeunes ceps on usera des plus grandes précautions,

---

(1) C'est ce que les paysans de la vallée de la Saône appellent *ablaver*, mot patois, provenant évidemment du latin *ablevare*, soulever.

Quant au mot de *darbon*, il a servi à former celui de *darbonnière* sous lequel on désigne dans toute la vallée de la Saône, la taupe ou la butte qu'elle produit.

évitant surtout d'exposer à l'air les points de soudure buttés avec soin avant l'hiver, on ne l'a pas oublié.

ÉCHALASSEMENT

Ceci est une nouveauté. Il n'était point d'usage de soutenir par un tuteur les vignes à leur deuxième feuille, mais il ne l'était pas davantage de les tailler sur deux, peut-être trois coursons; surtout ce sont les jeunes ceps qui n'avaient pas l'habitude d'émettre dès cette seconde taille des pampres longs parfois de plus de deux mètres.

Il est facile de comprendre que le vent pourrait briser, non seulement les sarments, mais encore la tige elle-même ; elle est encore si peu résistante au cours de cette deuxième année.

Donc l'échalassement est dès à présent indispensable. On pourra le faire à peu de frais en utilisant les vieux échalas devenus trop courts. Peu importe que l'extrémité des pampres tombe sur terre, si leur base, et la souche greffée surtout, sont solidement maintenues.

PREMIERS RAISINS CUEILLIS

Dès cette seconde campagne, les ceps greffés prouveront que les jardiniers sont dans le vrai lorsqu'ils couvrent de greffes les arbres stériles. Les pieds mis en place l'année précédente donnent ordinairement, dès la seconde feuille, suffisamment de raisins pour indemniser des frais de culture. Il n'est pas rare de compter six ou sept grappes sur un Gamay greffé mis en place au printemps précédent.

C'est encore là, on le voit, un motif d'échalasser les jeunes plants. Le vigneron, auquel ces premières greffes auront donné tant de soucis, coûté tant de sueurs, sera trop heureux de goûter bien mûrs ces raisins si désirés.

ENCORE LE SEVRAGE DES GREFFONS

Ne faisons-nous point ici ce qu'on est convenu d'appeler une scie d'atelier? Mille fois non, et, si pour la troisième fois nous inscrivons le titre ci-dessus, c'est que, nous ne cesserons de le répéter, enlever les racines se formant sur le greffon, l'empêcher de s'affranchir, est l'opération indispensable à la vie des ceps franco-américains.

A l'avenir, il suffira de visiter les souches une seule fois dans l'année, cela aussitôt après la vendange, et d'être sans pitié pour toutes les racines parasites.

FUMURE ET BUTTAGE

Aussitôt les ceps débarrassés de leurs racines d'affranchissement, cette opération est, on le sait, des plus rapides et des moins coûteuses, on procèdera à une bonne fumure. Ainsi nous faisons en Beaujolais : l'épandage abondant d'engrais, avant la première année de production est une des bases fondamentales de la culture, principalement dans nos sols maigres des coteaux. La quantité de fumier d'étable que nous employons est de 1,000 à 1,200 quintaux de pays (50 à 60,000 kilos) à l'hectare.

Quant aux engrais en poudre, il sera préférable de ne les répandre qu'en février ou mars pour éviter qu'ils ne soient entraînés par les eaux d'hiver, souvent si abondantes.

Si maintenant, aussitôt après la chute des feuilles, on procède au même buttage que l'an dernier, tout sera dit et les ceps seront en mesure de supporter bravement la mauvaise saison. Les vignes de deuxième année demandent plus que celles de première, mais quelle surprise elles nous réservent pour la campagne prochaine !

Le buttage sera mieux fait encore si, pour la première fois, on introduit la charrue dans la plantation. Le buttoir, creusant entre chaque ligne un sillon aussi large et profond que possible, aura ce double avantage, de recouvrir suffisamment les souches et de les assainir en facilitant l'écoulement des eaux.

Ce labourage d'automne constitue une façon supplémentaire, il est vrai, mais elle est bien rapidement donnée, et ses effets sont des plus avantageux.

CHAPITRE IV

Vigne à sa troisième feuille. — Taille. — Repiquage ou rebrochage. — Binages ou façons. — Ebourgeonnage. — Echalas et liens sulfatés. — Pinçage et rognage. — Premières vendanges. — Travaux de l'arrière-saison. — Binages ou râtissages. — Dernier sevrage des greffons. — Buttage et terrage.

Attention! Nous commençons l'année rémunératrice, du moins si nous avons la bonne fortune d'éviter les maladies et les fléaux de tous genres que chacun sait.

Puisque la taille est le premier des travaux à faire, commençons aussitôt que nous n'aurons plus à redouter les gelées d'hiver.

N'oublions pas que c'est là une opération difficile, demandant à la fois l'intelligence, le raisonnement et la pratique. Il y a beaucoup de vignerons, mais bien peu sont capables de raisonner la taille.

Les coursons de l'année précédente seront

encore allongés de deux yeux, bien plus, le nombre en sera augmenté d'un ou même deux, choisis parmi les sarments les plus vigoureux. C'est le moment de songer à la forme que l'on désire donner aux ceps, elle dépend beaucoup des variétés que l'on cultive. Le Pineau bourguignon ne se conduira pas de la même manière que la Syrah de l'Hermitage, et ni l'un ni l'autre ne devront prendre la forme en gobelet du Gamay beaujolais.

Cette année encore, employez uniquement le sécateur et n'oubliez pas qu'il faut retrancher le moins possible parce que les cicatrices faites aux souches ne s'effacent jamais, c'est le contraire de ce qui arrive pour la plupart des arbres ou arbrisseaux.

Ajoutons que l'expérience nous a prouvé les funestes effets de la baguette ou arceau au moins pendant les premières années. Certainement on augmente ainsi la production des vignes taillées à court bois, mais la sève, en affluant sur cette baguette, déformera le cep. Il vaut mieux laisser un œil de plus aux coursons, ou davantage de coursons sur les souches et les variétés paresseuses. La circulation de la sève sera mieux équilibrée.

REPIQUAGES OU REBROCHAGES

Songez aussi à remplacer les quelques ceps qui peuvent encore manquer. Redoublez de soins car votre plantation de troisième année ne doit plus présenter aucun vide. Il deviendrait difficile de les combler.

BINAGES OU FAÇONS

La charrue, la pioche ou la houe doivent être employées d'abord à détruire le buttage fait à l'automne précédent, puis on donnera les façons ou binages; on comprend que l'espace nous manque pour décrire les pratiques suivies dans chaque région.

ÉBOURGEONNAGE

Le moment est venu de supprimer les jeunes sarments infertiles. Cette opération, assez délicate, doit être confiée à des mains expérimentées. On en comprend facilement l'importance si l'on songe à l'inutilité de la sève s'égarant sur des gourmands, alors que les jeunes grappes en ont tant besoin au moment de la floraison. L'ébourgeonnement pratiqué avec soin est certainement le meilleur préservatif de la coulure.

ÉCHALAS, LIENS SULFATÉS

Nous n'entrerons pas dans de longs détails sur les divers systèmes d'échalassement. Chaque taille, chaque cépage, chaque exposition amène à cet égard de nombreuses modifications. La nécessité des échalas s'impose pour les jeunes vignes, ceci ne peut se discuter, et, nous adressant à ceux qui font usage d'échalas en bois, (ce sont les plus nombreux), nous les engagerons à n'employer que de beaux piquets, de longueur suffisante, bien imprégnés de sulfate de cuivre par un séjour d'une semaine environ dans une dissolution froide suffisamment riche. Celle aux 5/100 nous a toujours donné d'excellents résultats. L'opération faite à chaud est certainement préférable, mais elle n'est pas à la portée de tout le monde.

Les échalas d'acacia sont les meilleurs, puis viennent ceux de châtaignier qui se tordent malheureusement au soleil, ceux de chêne, de tremble, de saule et enfin de modeste sapin qui, malgré leur bas prix, suffisent parfaitement lorsqu'ils ont été durcis par le sulfate de cuivre.

Il s'est fait beaucoup de bruit depuis deux ans autour de la question du sulfatage des liens que l'on rend ainsi plus durables. L'emploi de la paille ou même du raphia sulfaté est-il un obstacle à la propagation du mildew?

Il est incontestable que les feuilles mises en contact avec la ligature ou l'eau que la pluie en fera découler seront préservées. On comprend facilement qu'un cep peu volumineux, tel qu'une souche de pineau bourguignon, qui ne comporte qu'un ou deux rameaux, puisse ainsi éprouver d'excellents résultats d'un *accolage* fait dans ces conditions, mais qu'adviendra-t-il d'un faisceau de sarments longs de deux ou trois mètres, alors même qu'on le soutiendra par plusieurs liens préservateurs?

La réponse nous semble facile, ces liens, l'échalas sulfaté lui-même, seront insuffisants. Un seul paratonnerre ne protégera pas le Louvre tout entier. Dans tous les cas, si petite que soit l'étendue de la zone préservée, elle n'en existera pas moins, et cette considération, jointe à celle de la conservation certaine du bois et de la paille, ne peut qu'engager chaque vigneron à recourir au sulfate de cuivre.

PINÇAGE ET ROGNAGE

Le pinçage est une opération trop peu pratiquée dans les vignobles français, alors que nos bons voisins de la Suisse obtiennent par ce moyen des récoltes extraordinaires au point de vue de la qualité et surtout de la quantité. Nous y reviendrons plus loin.

Disons cependant que le pinçage, qui consiste à supprimer le bourgeon terminal du sarment, ne doit pas être confondu avec le rognage qui consiste à enlever tout ce qui dépasse le sommet de l'échalas.

Le rognage est pratiqué dans la plupart des vignobles français peu de jours après la floraison. Ses partisans soutiennent qu'ils refoulent ainsi la sève au pied de la souche au grand avantage des raisins. Ses adversaires disent au contraire que cette opération est nuisible à la fois, au bois en amenant le développement de faux bourgeons inutiles, et au fruit qui renfermera moins de matière sucrée, partant sera moins alcoolique.

Nous ne sommes pas fixé à cet égard, le docteur Guyot conseille le rognage, M. Pulliat s'en déclare l'adversaire. Nous désirons vivement que cette question soit élucidée. Ajoutons qu'il sera peut-être bien difficile de faire renoncer nos vignerons Beaujolais à cette pratique. Ils sont persuadés qu'elle aide au développement du raisin, qu'elle permet surtout de le mieux aérer et de le faire bénéficier, dans une plus large mesure, des rayons bienfaisants du soleil de septembre.

Que sera-ce quand il s'agira de laisser tout leur développement aux pampres des vignes greffées trois fois plus vigoureuses que les anciennes ?

PREMIÈRES VENDANGES

Enfin! que de soucis de tous genres, que d'insomnies, que d'alternatives d'espoir et de désespoir représentent ces premiers raisins.

Rassurez-vous, greffeurs, ces belles grappes vous feront attendre une bonne semaine de moins que celles portées par vos vignes non greffées. Vous les cueillerez non seulement plus tôt, mais plus également mûres et leurs grains, de grosseur plus uniforme, auront une saveur moins acide, plus fine, que celle provenant des ceps non greffés qui peuvent exister dans la même plantation.

Le vin qu'elles produiront présentera les mêmes qualités; l'expérience l'a prouvé d'une façon indiscutable et nous l'avons établi au chapitre IV de la seconde partie.

Ne traitons pas ici plus longuement cette question de vendange, constatons simplement la joie du vigneron à la venue de ce vin, premier-né qu'il attend depuis si longtemps.

TRAVAUX DE L'ARRIÈRE-SAISON
BINAGES OU RATISSAGES

Ils doivent être régulièrement exécutés, de façon à ne pas laisser l'herbe envahir la vigne et absorber inutilement les engrais.

Dernier sevrage. — Cette année encore on devra visiter scrupuleusement les souches et sevrer le greffon européen des racines qu'il aura pu émettre. Cette visite est, du reste, la dernière à faire aussi régulièrement, nous l'avons dit.

Buttage et terrage. — Les feuilles tombées, on donnera cette utile façon du buttage à la charrue de la même manière que l'année précédente. Puis le vigneron soigneux enlèvera les échalas et, pendant les jours d'hiver, pratiquera *le terrage*, c'est-à-dire qu'il remontera, sur les ceps plantés au point le plus élevé de sa vigne, la terre que la charrue, les eaux, etc., ont entraînée *dans les parties inférieures.*

Et maintenant, pauvre vigneron, martyr du travail et des soucis, il te sera bien permis de savourer ce vin si chèrement obtenu, au coin du feu alimenté par tes vieux ceps, seules épaves ayant résisté à la trompe de ton ennemi pourtant microscopique.

Tu n'auras pour charmer les longues soirées de décembre ni les refrains enfumés du café chantant, ni les discussions enfiévrées des réunions publiques, mais, ce qui vaudra mieux, tu ressentiras l'estime de toi-même... et aussi du jus de ta propre vigne, le plus apprécié des nectars. Un verre du vin du crû ne vaut-il pas mieux que le plus beau fût de bière allemande, voire de vin plus ou moins bien fabriqué !

Nous verrons plus loin s'il est possible de le faire aussi bon que nous te le souhaitons, ce sera l'objet des quelques chapitres de notre quatrième partie.

CHAPITRE V

Vignes en production régulière. — De la taille. — Serpette ou sécateur. — Vignes basses. — Vignes hautes, treilles et cordons. — Chaintres. — Exigences du sol et du climat au point de vue de la culture.

Ce n'est pas chose facile que d'éviter les redites en nous occupant ici de la culture au point de vue général. En ce qui concerne les vignes basses principalement, nous venons de les laisser dans le chapitre précédent à leur troisième année, celle de la production. Sans entrer dans de grands détails, incompatibles avec notre cadre, nous avons indiqué les principes de la taille à leur donner, principes suffisants pour guider le vigneron pendant les années suivantes.

Mais la vigne ne se cultive pas uniquement sur souches basses, et, bien que nous ne puissions fournir autre chose que des indications sommaires, nous ne devons point les négliger, et nous examinerons succinctement les phases diverses de la culture.

DE LA TAILLE

Parlons-en tout d'abord et occupons-nous en premier lieu de l'outil qui sert à la pratiquer. Sera-ce la serpe ou serpette, sera-ce le sécateur ?

La serpe, dont l'emploi a une origine évidemment druidique, est par conséquent l'outil français par excellence, il est employé préférablement par tous les vignerons et même les vigneronnes dans beaucoup de localités. Elle varie de forme avec les régions, les cépages, le genre de taille et peut-être le tempérament de l'ouvrier. La coupe qu'elle produit est franche, d'autant plus qu'il est facile de bien affiler la lame ; à ces points de vue, cet outil primitif est d'un excellent emploi.

Le sécateur est un instrument beaucoup plus perfectionné ; on en a varié la forme à l'infini. Le meilleur pour nous est celui dont la lame, en acier bien trempé, se rapproche le plus de la forme d'un cœur ; quant au ressort, celui dit franc-comtois est certainement préférable à tous ceux connus à ce jour. Avec lui l'opérateur ne risque pas de se blesser : c'est un simple ruban d'acier roulé en cône double inséré perpendiculairement aux branches, auxquelles il est maintenu par deux courts rivets. En cas de rupture, il est on ne peut plus facile de le remplacer, une seconde suffit au praticien le plus ignorant.

Et maintenant, lequel préférer de la serpette ou du sécateur ?

Le sécateur, sans hésiter. Je sais bien qu'on l'accuse de meurtrir le bois, de le mâcher, s'il est mal affilé et même d'allonger fâcheusement en ce cas l'extrémité supérieure de la coupe, le biseau; toutes choses auxquelles il est facile de remédier en tenant simplement la lame en dessous et la barre d'appui en dessus. C'est le contraire de ce qui se fait ordinairement. La taille au sécateur est certainement aussi bonne, plus rapide, plus sûre, et nous avons dit plusieurs fois déjà qu'il doit être uniquement employé pour les jeunes greffes, au moins pendant les trois premières années.

Prévenons aussi que cet outil est d'un prix beaucoup plus élevé que la serpe. Que voulez-vous? C'est là surtout qu'il ne faut pas chercher le bon marché, car nous conseillons absolument de n'acheter que le sécateur entièrement en bon acier, le plus cher.

VIGNES BASSES ET VIGNES HAUTES

Nous ne nous sommes occupés dans les chapitres précédents que des vignes basses ou plutôt taillées à court bois; cette appellation fait de suite songer à celle opposée : la taille à long bois. Quelle est donc la différence entre ces deux systèmes?

La *taille courte* consiste à ne laisser aux sarments que deux ou trois yeux destinés à produire autant de coursons. La *taille longue* ou à *long bois* est celle dans laquelle on laisse subsister un plus grand nombre de bourgeons.

Telle de ces tailles convient à une variété et donnera de très mauvais résultats appliquée à d'autres. Disons, en passant, que beaucoup de cépages américains, producteurs directs, semblent s'accommoder beaucoup mieux de la taille longue, le Jacquez notamment.

FORME DES SOUCHES BASSES

Celle en gobelet, représentée dans la figure ci-après, est la plus répandue. C'est celle des vignobles du Beaujolais, de l'Ain, l'Isère, la Loire et des régions voisines.

Fig. 5o. Fig. 51.

Fig. 5o. Vigne du Beaujolais en végétation, avec ses rameaux relevés sur un échalas. — Fig. 51. Vigne du Beaujolais en gobelet après la taille.

Elle est toutefois bien souvent modifiée : ainsi dans l'Yonne (basse Bourgogne), on conduit le cep en éventail ou en forme de groseiller, les Gamay de Bourgogne sont quelquefois taillés presque à la façon des Pineau sur deux ou trois sarments ; le Pineau, cépage fin, ne porte qu'une seule tige terminée par un courson de trois ou quatre yeux.

Pour forcer à la production, on modifie souvent la taille en gobelet en laissant pousser une baguette qui sera recourbée au moment du départ de la végétation, formant ainsi un arceau appelé aussi arçon. Certains vignerons enfoncent dans la terre l'extrémité du sarment recourbé; cette taille, partie à court bois, partie à long bois, pourrait être taxée de *taille mixte*.

TAILLES A LONG BOIS

En principe, les vignes hautes sont celles établies de façon à étaler les bras de la souche le plus symétriquement possible le long d'un mur ou d'un bâti disposé à cet effet. L'espalier, auquel se prête très facilement le pêcher, est d'un usage plus difficile quand il s'agit de vigne; la végétation de l'arbuste qui nous occupe est trop capricieuse et demande trop de soins. Et puis tout le monde, les vignerons, surtout par le temps qui court, n'ont pas toujours les moyens d'établir des supports coûteux.

On a songé alors, tout en taillant la vigne

sur souche basse, à donner un plus grand développement à une ou plusieurs branches à fruits, branche à laquelle on impose tantôt la position horizontale, oblique ou verticale, tantôt la forme en arceau plus ou moins arrondi dont nous parlions tout à l'heure; souvent aussi, comme à Côte-Rôtie, cet arceau, appelé là-bas arçon, est maintenu par un petit échalas spécial. On agit de même pour la branche à long bois plus ou moins recourbée de certaines vignes à raisins blancs de la Côte-d'Or et les Gamay du Puy-de-Dôme.

Une chose digne de remarque, c'est que certaines variétés sont réputées dans une région ne pouvoir être cultivées qu'à court bois, alors que dans une autre elles sont considérées comme ne pouvant produire que taillées à long bois. Tel est le Gamay; nos paysans beaujolais haussent les épaules quand on leur parle de le conduire à long bois; et le docteur Guyot, qui le constate, ajoute immédiatement que le vigneron du Puy-de-Dôme est bien convaincu que le même Gamay ne peut produire que cultivé sur souche haute.

Ce qu'il y a de rassurant, c'est que l'éminent viticulteur, après avoir constaté que le même Gamay est cultivé à Argenteuil en enterrant tous les ans la souche de l'année précédente et ne laissant sortir que les jeunes bois, taillés à deux ou trois yeux, ajoute : « qu'il n'est pas possible de voir trois cultures plus différentes, appliquées avec un succès presque égal pour la quantité. »

TREILLES ET CORDONS

Mais beaucoup de viticulteurs n'ont pas à cultiver seulement des vignes en plein champ, et s'ils peuvent les palissader le long d'un mur ou d'un treillage, comment devront-ils s'y prendre ?

Bien des systèmes sont en présence, depuis la treille ordinaire, plus ou moins bien conduite, jusqu'aux cordons Guyot, Sylvoz, Cazenave, Marcon, etc. Pour les raisons que nous avons si souvent données, nous nous contenterons d'indiquer bien rapidement les bases de ces deux premières tailles.

SYSTÈME GUYOT

Les ceps étant plantés à un mètre de distance en tous sens le long d'un treillage portant seulement un fil de fer à quarante centimètres du sol, et les souches ayant atteint l'âge de deux ou trois ans, M. Guyot expose ainsi son système (1) :

« Chaque souche, selon son âge et sa vi
« gueur, peut produire, par période de végéta-
« tion annuelle, de quatre à six sarments de
« un mètre et plus de longueur. A la taille
« d'hiver, ou taille sèche, la plupart de ces
« sarments doivent être abattus complètement
« et le plus près possible de la souche ; mais
« deux sarments au moins doivent être con-
« servés : l'un rogné à deux ou trois yeux de
« la souche ; l'autre maintenu à une grande
« longueur, et, mieux encore, à toute sa lon-
« gueur. C'est ce dernier sarment, laissé tous
« les ans au printemps et abattu tous les ans
« pour être remplacé au printemps suivant
« par un autre sarment pareil, qui satisfait à
« l'activité de la vigne en lui laissant la plus
« grande allure possible, c'est-à-dire toute la
« longueur du bois qui a poussé l'année pré-
« cédente. »

Les figures ci-après démontrent la façon dont il faut procéder au début de la taille ainsi

---

(1) Le docteur Jules Guyot : *Culture de la Vigne et Vinification*, Paris, librairie agricole de la Maison Rustique 1861 et aussi *Etude des Vignobles de France*, du même auteur.

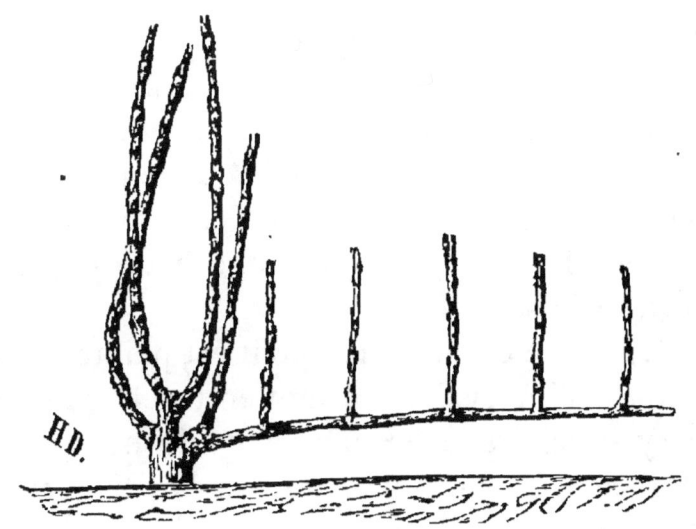

Fig. 52. Vigne disposée pour être soumise au système Guyot.

Fig. 53. Vigne conduite suivant le système Guyot.

que le principe du système. C'est la petite branche horizontale qui devra porter le fruit. Elle sera supprimée l'année suivante et remplacée par une nouvelle prise sur le petit courson vertical. Celui-ci doit en effet fournir tout le bois. Il est soutenu par un échalas piqué au pied de la souche.

Un autre échalas plus petit est planté au milieu de l'intervalle existant entre chaque cep, on y attachera la branche à fruits horizontale et il sera lié par son extrémité supérieure au fil de fer du palissage.

Un pincement méticuleux est ensuite nécessaire, il doit être exécuté à deux feuilles au-dessus de la plus haute grappe, aussitôt les raisins suffisamment formés. M. Guyot recommande de pratiquer cette opération « alors que le bourgeon présente à peine le volume d'une lentille. » On palisse ensuite sur le fil de fer toutes les pousses pincées, en ayant soin de supprimer les pampres inutiles et gourmands.

Quant aux sarments produits par le courson vertical, on les attache au grand échalas à la hauteur duquel ils sont rognés. N'oublions pas que l'un de ces sarments doit fournir la branche à fruits de l'année suivante.

La figure ci-contre montre le cordon, système Guyot, en végétation.

Fig. 54. Vignes soumises au système Guyot.

SYSTÈME SYLVOZ

M. Sylvoz, viticulteur à Saint-Jeoire-Challes (Savoie), donne à ses cordons une direction toute différente. Chaque bourgeon poussant sur la branche horizontale est soumis à l'arcure, l'œil terminal étant dirigé vers le sol.

Nous transcrivons ici la description très simple et très exacte qu'en donne M. Chaverondier, viticulteur de la Loire (1). Le lecteur,

---

(1) Francisque Chaverondier. *La Vigne et le Vin*, Paris, librairie Agricole, 1876.

qui désirerait avoir de plus amples détails, pourrait se reporter à la petite brochure de l'auteur lui-même (1). Nous laissons la parole à M. Chaverondier :

« Les ceps sont plantés à trois mètres en
« tous sens. De forts pieux, enfoncés en terre
« de distance en distance, supportent à 0^{m}60
« au-dessus de terre, un fil de fer n° 19 ; puis à
« un mètre au-dessus du sol une forte traverse
« en bois, et enfin à 0^{m}50 au-dessus de cette tra-
« verse un autre fil de fer n° 19. La souche est
« couchée sur la traverse en bois, et, chaque
« année elle s'allonge de 60 à 80 centimètres,
« jusqu'à ce qu'elle ait atteint la souche voi-
« sine.

« Sur la partie horizontale, et de 25 en
« 25 centimètres, il prend une branche à fruits
« de 60 à 80 centimètres de longueur, qui
« est coudée le plus près possible de son in-
« sertion et fixée, perpendiculairement, vers
« le sol sur le fil de fer inférieur.

« Il ménage soigneusement le bourgeon qui
« se développe le plus près de l'insertion de
« chaque branche à fruits et il le palisse sur le

(1) Charles Sylvoz. *Les Treillages de la Savoie*, Chambéry, imp. Menard 1884.

« fil de fer supérieur, afin de lui faire acquérir
« un développement suffisant pour remplacer,
« l'année suivante, la branche à fruits qui est
« supprimée. Tous les autres bourgeons sont
« pincés à deux feuilles au-dessus de la der-
« nière grappe; un mois après il enlève tous les
« bourgeons anticipés provoqués par le pin-
« cement.»

Il existe encore un grand nombre de systèmes de cordons, nous mentionnerons notamment celui adopté par M. Cazenave, à La Réole (Gironde) et celui de M. Marcon, à Lamothe-Montravel (Dordogne); nous renverrons les viticulteurs désireux de les étudier aux ouvrages précités de MM. Guyot, Chaverondier et surtout au *Cours de Viticulture* de M. Foëx, auquel nous faisons de si fréquents emprunts.

Puisque nous parlons de tailles à long bois, de vignes hautes, mentionnons encore les systèmes de l'Isère et du Bugey. Les vignes taillées à très longs bois sont plantées avec des cultures intercalaires sur treillards en bois. En Savoie, ce sont les arbres vivants ou morts qui supportent les treilles. Enfin les habitants des bords du lac de Genève, fidèles sans doute aux conseils de Virgile, qui mariait la vigne à l'ormeau, font supporter par les plus grands arbres morts (crosses) leurs pampres de grandes dimensions.

CHAINTRES

Nous ne pouvons écrire ce mot, que le Dr Guyot prétend être dérivé de cintre ou de chaîne traînante, sans nous rappeler le bruit qui se fit autour de lui en Beaujolais, il y a peu d'années. La commune de Chissay (Indre-et-Loire) devint chez nous célèbre en peu de jours. C'était le berceau des chaintres et la croix de la Légion d'Honneur, décernée à M. Lussaudeau, simple vigneron, inventeur du système, renforça encore le son de la cloche Renommée.

Certes! Le système en lui-même est remarquable. Avoir des treilles plantureuses sans mur ni espalier, remplacer ces appuis par le sol lui-même est une conception neuve, économique et bien faite pour attirer l'attention. Mais croire que ces treilles rampantes résisteraient au phylloxera, alors que les vignes hautes succombent à ses piqûres, plus lentement, il est vrai, mais tout aussi sûrement que les vignes basses, c'était une idée tout aussi..

simple que celle des admirateurs des poules du père Dodille, malin vigneron, lesquelles avaient becqueté tous les phylloxeras de la Bourgogne. Et dire que ces volailles, qui devaient avoir un bec de dimension supérieure au plus long pal à sulfure, ont valu à leur propriétaire, non pas la croix de la Légion d'Honneur, mais, ce qui est bien quelque chose, la visite d'un rédacteur du *Figaro*, venu tout exprès de Paris !

Revenons à nos chaintres : sans nous étendre longuement sur ce système qui mérite d'être étudié dans les ouvrages spéciaux (1), nous en dirons cependant quelques mots :

Le sol est préparé comme pour tout autre plantation de vignes ; à Chissay on se contente de le faire à l'aide de la charrue, puis les ceps sont placés dans de petites fosses creusées spécialement à l'écartement de six mètres entre les lignes et de deux à trois mètres sur les mêmes lignes. Ces grands espaces vides sont utilisés pour des cultures intercalaires.

---

(1) Voir l'*Etude des Vignobles de France* du Dr Guyot, tome II, le *Cours de Viticulture* de M. Foëx et aussi G. Briant, *Les Vignes en chaintres*, Paris, J. Michelet, 1883.

Les souches plantées en Touraine sont enracinées depuis deux ou trois ans et nous sommes tout à fait d'avis, comme M. Foëx, qu'il serait préférable de les prendre alors qu'elles ne sont âgées que d'une année. En effet, indépendamment des inconvénients qu'offre la transplantation d'un jeune sujet, pourvu d'un système radiculaire trop complet, quelle patience faudra-t-il pour attendre la première récolte d'un cep qui, après avoir passé trois ans en pépinière, ne produira, grâce à la taille que nous allons indiquer, qu'à la quatrième ou cinquième année de plantation?

Car, pendant les trois premières années, la taille d'une vigne en chaintre consiste uniquement à conserver un seul rameau, le plus vigoureux et le plus près de terre, que l'on rabat en-dessus du second œil.

A la troisième année, lorsque les sarments émis ont une longueur de plus d'un mètre, on coupe le plus vigoureux à environ un mètre et on ne lui conserve que les trois yeux supérieurs qui formeront les sarments de l'année suivante.

Tout le cep a pour appui la terre, et la figure ci-après en donne une idée exacte. Les ceps sont étendus perpendiculairement à leur ligne de plantation. Pour éviter la pourriture des raisins et permettre leur aération, les branches

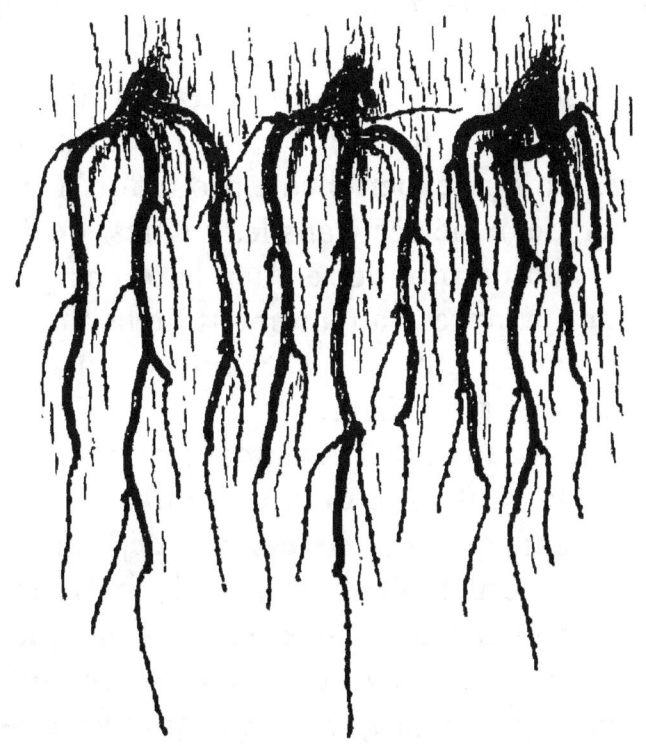

Fig. 55. Ceps en chaintre.

sont supportées par des petites fourches en bois, dites *fourchines*, longues d'environ cinquante centimètres, que l'on fiche en terre.

La culture des vignes en chaintres est au moins aussi étrange que leur taille. Elles reçoivent deux labours par an, et pour pratiquer le second et les autres cultures d'été, on transporte tout le cep de l'autre côté de la ligne de plantation pour le remettre en place, le labour étant terminé.

Nous nous demandons quel serait l'effet de ce renversement du cep sur les coteaux de notre région où l'expérience a prouvé qu'il fallait éviter de pénétrer dans les vignes, de les travailler, en un mot de remuer le moins possible leurs pampres, au moment de la floraison et surtout pendant les chaudes journées qui précèdent la véraison.

Cet inconvénient de l'échaudage des raisins n'est pas le seul que doit présenter la culture en chaintre. Nous avons dit déjà qu'un autre grave écueil était la mise à fruit très tardive. Croit-on de bonne foi que la qualité des raisins cueillis sur ces espaliers humides soit égale à la qualité de grappes suspendues tout le tour d'un de nos ceps, présentant si coquettement ses fruits, sans exception, aux rayons bienfaisants du soleil, alternant avec les caresses de la brise? Evidemment non.

Et le genre de plantation qui ne comporte qu'un nombre d'environ six cents souches à l'hectare, le tout pour produire quelques cultures intercalaires d'un rendement aussi médiocre que les céréales ou la pomme de terre!

N'oublions pas surtout qu'une terre riche et profonde est seule capable de nourrir suffisamment les vignes à grand développement. Que les vignerons des coteaux arides ne présentant pas quarante centimètres de sol végétal ne rêvent donc point au succès de Denis Lussaudeau, le créateur des cultures de Chissay.

EXIGENCES DU SOL ET DU CLIMAT RELATIVEMENT A LA CULTURE

Ceci nous amène tout naturellement à examiner si le sol et l'exposition, la direction des vents ou le degré d'humidité de l'air ambiant, le climat en un mot, sont des facteurs de quelqu'importance au point de vue de la direction d'un vignoble.

Poser la question, c'est la résoudre. Croit-on par exemple que c'est par plaisir ou par économie que les Chasselas de Thomery et de Fontainebleau sont palissés le long des murs? Il suffit de s'être trouvé dans la vallée de la Drôme ou de la Durance par un beau jour de mistral, ou de soleil, pour comprendre que les pampres traînants sont indiqués là-bas. Réciproquement, dans quel état le fruit de l'admirable Pineau arriverait-il à la cuve si les Bourguignons taillaient ce cépage comme l'Aramon ? Le voit-on perdu sous les feuilles, dans une boue trop souvent renouvelée ?

Soyez donc convaincu qu'ici la routine a sa raison d'être. Ce qui s'est passé pour la culture en chaintre le prouve une fois de plus. On a eu beau en essayer en Beaujolais et pour cela faire venir à grand frais le Côt qui fait florès en Touraine, il a fallu y renoncer, nous n'avons pas, même dans nos plaines, les terrains du *Jardin de la France*.

Donc, usez surtout de la taille et des systèmes de culture du pays que vous habitez. Ne soyez pas cependant l'adversaire déclaré de toute innovation, il y en a qui s'imposent au bon sens. Telle serait par exemple, à notre avis, la mise en hautains dans la vallée de la Saône des vignes que baignent presque les eaux de cette rivière à débordements si fréquents.

CHAPITRE VI

Des différentes manières de multiplier la vigne. — Semis. — Hybridation. — Marcottage ou Provignage. — Bouturage. — Un mot de la bouture à un œil. — Plants racinés. — Greffage.

Ici surtout nous serons brefs et nous demanderons la permission de renvoyer aux ouvrages traitant spécialement de matières dont nous ne voulons que donner une idée.

SEMIS

C'est le premier système de multiplication qui se présente à l'esprit pour tous les végétaux. La vigne ne fait point exception et c'est même là dessus que bien des raisonneurs basent toute une théorie dont le point de départ est assez spécieux ; on a le tort, disent-ils, de multiplier depuis Noé, pour ainsi dire, le même cep de vigne, puisque ce sont les sarments, de quelque manière qu'on les emploie, qui perpétuent l'espèce. De là, dégénérescence et explication facile de toutes les maladies qui assaillent le pauvre arbuste.

La réponse est cependant facile : nous avons dit qu'aucun cépage européen ne résistait au phylloxera ; fort peu se comportent bien vis-à-vis des maladies cryptogamiques. Or, dans le nombre de ces variétés indigènes, il en est dont l'origine se perd dans la nuit des temps et d'autres connues seulement depuis peu d'années. Cependant la maladie, quelle qu'elle soit, agit sans se préoccuper du nombre des chevrons. C'est absolument comme cette autre théorie, qui compte non moins d'adeptes et qui attribue nos malheurs à l'épuisement du sol, alors que chaque jour nous voyons le phylloxera détruire, plus rapidement que les autres, des vignes plantées là où il n'y en avait jamais eu, en remplacement d'un pré ou d'un bois, par exemple.

Donc si nous parlons du semis, c'est uniquement parce que c'est le plus simple des procédés de multiplication que de prendre le grain (pépin) d'un raisin bien mûr et de le confier à la terre.

On devra, pour obtenir une germination régulière, faire tremper pendant trois ou quatre jours les graines dans l'eau pure, ou mieux les faire stratifier plus longtemps dans du sable humide. On sèmera au début du printemps, à peu de profondeur, dans un sol léger et convenablement terreauté; assez espacé, 30 ou 40 centimètres entre les lignes, pour favoriser le développement du jeune plant. Donner ensuite des soins analogues à ceux que le jardinier prodigue à tous ses semis. La levée commence au bout de cinq à six semaines. On repiquera au printemps suivant, et ce n'est que quelques années après, cinq ou six, croyons-nous, que le fruit paraîtra.

Voilà, très sommairement, ce qu'est un semis, et, puisque l'expérience a prouvé que celui de vignes françaises ne donnera pas un cépage résistant, puisqu'elle a prouvé aussi, qu'à moins de semer une variété *type*, on était à peu près certain de voir pousser autre chose que celle semée, puisque ce n'est qu'en procédant sur des milliers de sujets qu'on peut espérer obtenir quelques gains heureux, puisqu'enfin il faut attendre si longtemps le résultat, nous ne conseillerons pas à ceux qui ne sont ni savants, ni pépiniéristes, de songer à ce moyen de multiplier la vigne. Le pépiniériste peut s'y attacher pour obtenir quelque nouveau venu, dont il saura tirer parti au point de vue commercial, et le savant parce qu'il espère doter la viticulture d'un cépage jouissant de quelque qualité précieuse.

Le but que l'un et l'autre poursuivent les a conduits à procéder par

HYBRIDATION

Nous en avons parlé à différentes reprises dans notre deuxième partie. Son but est de produire un métis provenant d'espèces très différentes, ayant chacune des vertus spéciales, dont ledit métis doit hériter le plus possible. On y arrive en déposant le pollen d'une des fleurs sur l'autre et, aussitôt cette opération faite, on enveloppe la grappe fécondée d'un tissu léger destiné à prévenir toute ingérence étrangère.

Nous n'en dirons pas davantage, renvoyant ici encore à ceux qui ont écrit sur la matière, notamment M. Foëx et autres auteurs précédemment cités. Nous n'avons qu'un but, c'est de faire comprendre la théorie qui dirige nos hybridateurs distingués déjà nommés :

MM. Couderc, Millardet, de Grasset, Ganzin, etc. Au moment opportun, ceux-là sauront bien séparer le bon grain du mauvais, et, plus tard, sélectionner les jeunes plants destinés à régénérer nos vignobles. Quant à nous, simples praticiens, ne forçons point notre talent.

MARCOTTAGE OU PROVIGNAGE

C'est évidemment le second moyen de multiplication qui se présente à l'esprit, car on emprunte un sarment de la souche-mère sans prendre la peine de l'en détacher.

Plusieurs systèmes sont en présence, nous ne parlerons que des plus usités.

Provignage par marcotte simple. — Il consiste à faire enraciner un rameau en le couchant à quelques centimètres de profondeur dans un petit fossé creusé à partir du pied de la souche sur laquelle on opère. La pointe ou extrémité de ce sarment sera relevée au-dessus du sol à l'endroit précis où l'on veut obtenir un nouveau cep. Bien entendu le rameau couché ne devra pas être séparé de la souche.

Le plus grand nombre des bourgeons sous terre émettra des racines, et l'œil terminal, que l'on soutient de suite par un échalas, produira la tête.

Provignage par couchage de la souche. — Cette désignation explique le système. On l'emploie surtout lorsqu'on veut obtenir simultanément plusieurs provins du même pied mère. L'exécution en est plus compliquée et plus coûteuse que celle de la marcotte simple.

Jusqu'au jour où l'on s'est mis à greffer la vigne, les deux marcottes que nous venons de décrire étaient d'un usage presque général pour remplacer les ceps manquants, même en Beaujolais, quoiqu'on en puisse dire, seulement ils y étaient connus sous le nom de *couchées ou pointes*. Dans certains pays, tels que la Bourgogne, le Bugey, le Revermont, etc., on ne procédait pas autrement qu'en provignant de proche en proche lorsqu'il s'agissait de renouveler une vigne.

Evidemment la greffe diminuera beaucoup, si elle ne le détruit pas, ce moyen de propagation et c'est la principale cause qui fait hésiter les partisans de la greffe dans les pays où le provignage était en honneur. Mais, au point où nous en sommes, il n'y a pas à discuter, si l'on veut récolter encore. Hâtons-nous, du reste, d'ajouter que la marcotte simple s'applique fort bien aux souches greffées ; bien en-entendu elle ne donne pas naissance à des racines résistantes, mais celles que nous avons faites, il y a quelques années, conservent toujours une grande vigueur. Il est vrai qu'elles ne sont pas sevrées du pied-mère franco-américain.

Le provignage, du reste, conserve toute son utilité en regard des producteurs directs, c'est pour cela que nous décrirons encore la

MARCOTTE CHINOISE

Pourquoi cette appellation ? Nous préférons, pour notre part, celle de *marcotte multiple*. Le sarment à provigner est couché dans une fosse creusée à partir de la souche. Cette fosse ne doit avoir qu'une profondeur très faible, 6 à 8 centimètres, et le provin est maintenu au fond par de petits crochets. En cas de sécheresse, entretenir l'humidité et pailler la surface du sol. Les bourgeons naissant entre le cep et la terre, sur le provin, étant supprimés, tous les yeux enfouis se développeront, produisant à la fois rameaux et racines, surtout si l'on a eu soin de faire une ligature avec un fil de fer très mince, dit de modiste, à 1 ou 2 centimètres au-dessous de chaque bourgeon.

Nous ne connaissons pas de meilleur moyen de multiplier rapidement les cépages rebelles à l'enracinement.

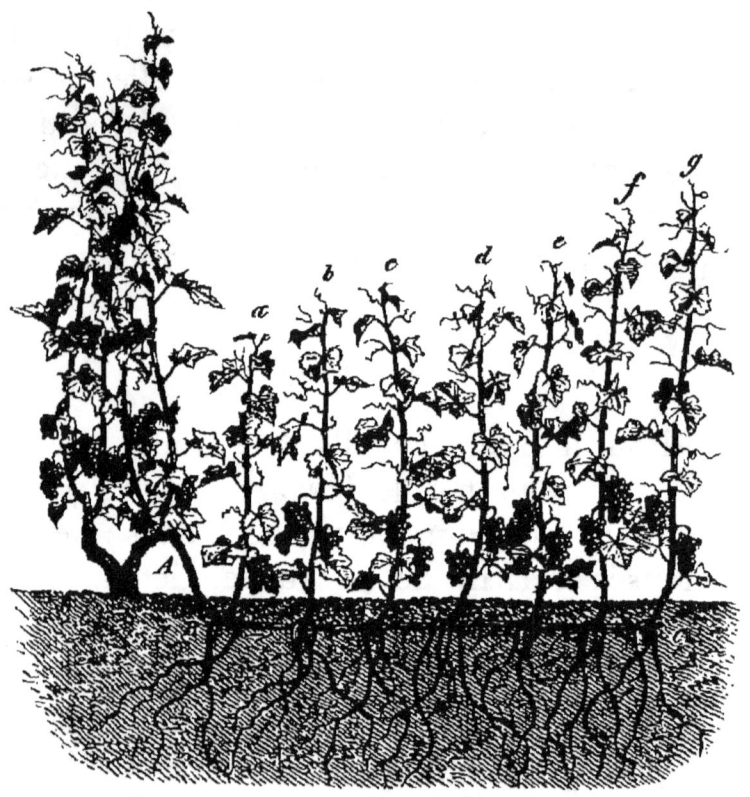

Fig. 56. Provin multiple dit chinois : A, B, C. Sarments couchés horizontalement a, b, c, d, e, f. g. Rameaux de l'année enracinés.

Il existe encore d'autres systèmes de provignage ; nous indiquerons seulement celui par *versadi* qui consiste simplement à recourber le sarment en arceau, au-dessus du sol, et à enfoncer suffisamment son extrémité à la place voulue, dans une fosse bien préparée.

BOUTURAGE

C'est le procédé de multiplication incontestablement le plus répandu, parce qu'il est à la fois le plus économique et le mieux à la portée de toutes les intelligences. Couper nettement un sarment bien choisi, l'enfouir dans un trou creusé, à l'aide d'un fichon de jardinier, ajouter un peu de terreau, ou de sable si le terrain est argileux, et tasser la terre, avec le même fichon, assez fortement pour que l'air ne pénètre pas dans l'excavation ; tout cela ne demande pas un bien grand effort d'intelligence.

Ce qui est plus difficile, c'est de bien sélectionner sa bouture. Qu'elle provienne d'une souche vigoureuse, jeune par conséquent, qu'elle soit bien aoûtée et surtout que la section du bas soit franche et faite immédiatement sous, ou même sur, la cloison d'un nœud. Constatons à ce sujet la mauvaise habitude qu'on a de laisser une portion de mérithalle au-dessous du nœud. Les racines ne partent que de ce dernier point et le bois inutile laissé pourrira à leur détriment.

La souche, avons-nous dit, doit être vigoureuse, fertile aussi, s'il s'agit de multiplier une variété à fruits, bien entendu ; ne prendre en ce cas que les sarments qui ont porté des raisins. Aussitôt après la taille, et jusqu'à la plantation, le courant de sève doit être maintenu dans le sarment, ce qu'il est facile d'obtenir en le plaçant dans la terre ou le sable humide, ou plus facilement dans l'eau courante, voire dans l'eau non courante mais souvent renouvelée.

Depuis l'introduction des vignes américaines principalement, — vignes dont quelques variétés reprennent difficilement de boutures, — on parle beaucoup de la stratification (enfouissement complet dans le sable pendant tout ou portion de l'hiver), de l'écrasement, de la torsion et du décorticage de la base de ces pauvres boutures. On les soumet aussi au régime de la couche et même de la serre chaude. A cet égard chacun agira par le moyen le plus à sa portée.

Il existe différentes espèces de boutures, les

plus connues sont: la bouture par rameau ordinaire et la crossette, qui consiste à laisser à la base du sarment un fragment de vieux bois. Laquelle conseiller ? Celle qui reprendra le mieux. Ce sera probablement la plus soigneusement sélectionnée et plantée.

UN MOT DE LA BOUTURE A UN ŒIL

Ce système n'est pas nouveau, comme on pourrait le croire ; il se pratiquait depuis plus de vingt-cinq ans dans le Doubs notamment (1), et beaucoup de pépiniéristes, de vignerons même, l'utilisaient, sans se douter de la célébrité qu'il acquerrait un jour. Vint un moment où la multiplication des vignes américaines s'imposa tellement à tous (elle était si profitable à quelques-uns), qu'il fallut songer à procéder par les moyens rapides. Un viticulteur éminent entre tous, Mme la duchesse de Fitz-James, recommanda ce système de bouturage qui, fier d'un parrainage aussi illustre, fit aus-

---

(1) Consulter Félix Sahut : *De l'adaptation des vignes américaines*, 1 vol., Coullet, à Montpelier 1888.

sitôt grand bruit dans le monde viticole (1).

La bouture à un œil est des plus simples à créer; il suffit, sur un rameau bien sain, de donner un coup de sécateur à quelques millimètres au-dessus et au-dessous d'un bourgeon bien portant. Ces petits tronçons, ordinairement incisés sur la face du bois opposée à l'œil, afin de favoriser l'émission des racines, sont alors semés absolument comme s'il s'agissait d'une graine. L'opération réussit surtout si l'on dispose d'une serre ou d'une couche chaude à châssis; le semis à l'air libre arrive même à bien dans des proportions suffisantes.

Nous avons eu l'honneur d'entendre Mme la duchesse de Fitz-James exposer elle-même de quelle façon avantageuse se faisait l'enracinement de l'œil unique bouturé, comparé à l'émission des racines sur un sujet plus long. Nous ne pouvons que renvoyer à la démonstration si claire et intéressante de l'illustre chef des viticulteurs français.

Pour nous, qui avons bien souvent semé

(1) Voir à ce sujet la *Vigne américaine* 1887, le *Compte rendu* du Congrès de Mâcon, déjà cité, et celui du Congrès de Toulouse, le *Progrès agricole et viticole* et surtout le *Journal de l'Agriculture* 15 et 22 octobre, 5 novembre et 31 décembre 1887.

des bourgeons de vignes, nous constatons l'avantage sérieux qu'offre le système pour la multiplication des variétés rares; mais nous faisons toutes nos réserves au sujet de la grande valeur que donnerait aux jeunes plants la disposition particulière de ces racines. Nous avouons ne pas nous être encore bien rendu compte des avantages que présente à cet égard la bouture à un œil.

Que sera-ce si nous en parlons à nos paysans qui soutiennent que, principalement sur nos coteaux, en terre brûlante, il faut planter assez profond, parce que les racines qui se développent à la surface du sol sont inutiles comme se flétrissant au premier rayon de soleil trop chaud ? Ils ajoutent que la pioche, voire le sarcloir, ne leur permettraient pas de fournir une longue carrière. Que voulez-vous ? Les vignerons beaujolais ont horreur de l'herbe et ne regardent pas au nombre de combats qu'ils lui livrent. Et puis ils ne sont pas encore convertis au système de *la vigne sans culture* si fort préconisé depuis peu. « Tout ça, c'est des fainéants » disent-ils dans leur langage rustique!

PLANTS RACINÉS

Nous venons d'indiquer par quels moyens on peut arriver à produire de bons plants racinés, de bonnes *barbues ou chevelus*. Est-ce à dire que nous en recommandions l'emploi, ou préférons-nous le provignage, ou le bouturage, comme étant les seuls procédés à utiliser pour planter une vigne de sujets non greffés ?

C'est ici que nous nous garderons bien de conseiller un système plutôt qu'un autre. Dans certains pays, on ne parle que de provigner, dans d'autres, celui que nous habitons notamment, le marcottage n'est usité que pour remplacer les ceps manquants ; planter une barbue semble une telle erreur que nous avons vu des vignerons de notre région préférer ne pas planter que mettre en terre autre chose qu'une bouture. C'est même cette horreur du plant raciné qui a été la principale cause du retard de nos paysans à planter des greffes soudées : elles avaient des racines !

Et puisque nous venons de prononcer à nouveau le mot de greffe, disons en passant que l'expérience n'a pas prouvé qu'il y ait grand avantage à faire enraciner des boutures américaines pour les arracher au printemps suivant et les greffer à ce moment. Chose curieuse, surtout s'il s'agit de porte-greffe reprenant facilement comme le Vialla, on a souvent d'aussi beaux succès en greffant sur simple bouture que sur raciné bien venu. Les théoriciens hausseront les épaules à ce qui leur paraît un paradoxe; qu'ils essayent avant de sourire !

Avons-nous recommandé de bien sélectionner les plants racinées confiés à la terre? Qu'ils soient vigoureux, sans blessures, leurs racines intactes et, si elles sont meurtries, que la partie malade soit retranchée soigneusement. Que la plantation soit faite avec précaution, la terre émiettée, bien tassée sur les jeunes racines, résultat qu'on obtient surtout par un arrosage immédiat. C'est ici qu'il faut se méfier des ouvriers qui vont vite. On les maudirait trop au printemps, ou à l'automne suivant.

GREFFAGE

N'attendez pas que nous revenions sur ce que nous en avons dit. Si nous parlons encore du greffage, c'est uniquement afin de prouver que nous n'oublions pas ce moyen merveilleux dans notre émunération des procédés de multiplication de la vigne. Qu'est-ce, en effet, que le greffage, au point de vue du greffon, s'entend ? sinon le bouturage à un ou deux yeux, que l'on confie, non plus à la terre directememt, mais bien à une nourrice, un gardien vigilant, qui s'appelle le porte-greffe.

Et nous nous permettrons de renvoyer le lecteur à notre chapitre VIII de la deuxième partie.

CHAPITRE VII

Binages et Labours. — Cultures à la main. — Cultures à la charrue. — Avantages et inconvénients. — Culture mixte. — Différentes espèces de charrues.

Comme tous les végétaux, la vigne a besoin d'être cultivée, quoiqu'en disent certains *innovateurs* dont nous parlions récemment. Mieux on le soigne et plus l'arbuste produit, soyez-en bien convaincu et, si vous conservez des doutes à cet égard, venez voir ce que nous obtenons dans le haut Beaujolais, dans des terrains maigres, peu profonds et d'une fertilité plus que médiocre, comparativement à ce que récoltent, dans des sols bien autrement fertiles nos voisins de ou du....., ne nommons personne pour ne pas faire de réclame à la négligence et à la paresse.

C'est plus fort que nous, mais nous ne pouvons admettre qu'on érige en système la *non culture* de la vigne comme moyen d'augmenter sa production, N'a-t-on pas dit aussi que le phylloxera ne pénétrait que dans les sols fréquemment remués ? Il y a quelque dix ans, cette opinion était assez répandue, et nous nous souvenons encore de l'hilarité que provoqua un de nos compagnons de voyage, en demandant à visiter certaines vignes de la vallée de la Drôme, qu'on disait résistant parfaitement à l'insecte depuis que leur propriétaire avait renoncé à les cultiver, bien mieux, les avait pavées, dallées ou bitumées ! Plus récemment, un paresseux de notre connaissance soutenait que l'herbe laissée soigneusement autour des ceps économisait les sulfatages en remplaçant avantageusement les feuilles grillées par le mildew. L'idée était bonne..... au regard de l'huissier qui a saisi la propriété détruite.

Une fois de plus revenons-en au bon Lafontaine et aux conseils qu'il met dans la bouche du laboureur s'adressant à ses enfants.

Puisqu'il nous faut cultiver, étudions les moyens de le faire le mieux possible.

CULTURES A LA MAIN

Le petit propriétaire, ou le propriétaire dont l'héritage, plus important, est très morcelé, celui encore qui cultive en coteaux trop pentifs, ne peut songer à autre chose qu'à l'emploi de la bêche, de la pioche ou de la houe. Nous n'entrerons dans aucun détail sur la forme de ces outils. Chaque pays a les siens, et certainement à cet égard il faut tenir compte de l'usage établi : un fer large et mince, indispensable dans un sol sableux, se briserait dans les quartiers de rochers ou les cailloux roulés ; réciproquement une lame étroite, solide et pointue, nécessaire partout où la pierre domine, aurait dans le sable la même utilité que la dent d'une fourchette pour puiser dans une tasse de lait. A chacun de se bien renseigner et, si l'on désire améliorer, ne procéder qu'avec la plus grande circonspection.

Nous venons de dire au chapitre IV de cette partie que généralement on donnait trois façons à la vigne. La première, qui se fait aussitôt après la taille, consiste, en tous pays ou à peu près, à soulever la terre, à la disposer en tas quelconques entre chaque cep pour l'aérer, la faire sécher si elle est trop humide. En outre, le cep déchaussé devient le point central d'une cuvette dans laquelle convergent les eaux saturées de tous les principes fertilisants, engrais, etc., répandus dans le sol.

La deuxième façon est l'inverse de la précédente, la terre relevée est remise en place et bien émiettée. Quant à la troisième, la façon de luxe, elle n'a d'autre but que de briser la croûte superficielle due aux rayons brûlants du soleil, et aussi de supprimer l'herbe. Généralement, le deuxième binage a lieu quelques jours avant la floraison et le troisième aussitôt après.

Est-il nécessaire de fouiller le sol bien profond ? Peu de questions divisent autant les cultivateurs : Les uns soutiennent que trop enfoncer l'outil est nuisible, parce qu'on détruit ainsi les petites racines qui alimentent le raisin ; les autres prétendent qu'un bon coup de pioche est toujours profitable et que, quant aux radicelles à fruits, l'été se charge de les anéantir. Pour nous, cette dernière appréciation clot le débat : c'est encore une question de climat, de sol, et, disons-le aussi, de nature du cépage, Telle variété émet des chevelus rez de terre. c'est l'inverse pour d'autres. Et la conduite ou taille du cep n'a-t-elle pas aussi son influence ?

En plus des trois façons que nous venons d'énumérer, le vigneron soigneux devra, aussi souvent que le besoin s'en fera sentir, employer la raclette, afin d'effectuer de véritables binages, complémentaires du troisième.

CULTURES A LA CHARRUE

Nous l'écrivions, il y a quelques années, dans les colonnes d'un grand journal quotidien de la région (1) : La simplification de la culture s'impose aujourd'hui. En effet, la dépopulation de nos campagnes se fait cruellement sentir et aussi le besoin d'argent chez les propriétaires. Dans ces conditions, il devient bien difficile de travailler la terre, alors que la main-d'œuvre est plus chère, la bourse plus vide et l'ouvrier plus rare.

Tous ceux qui possèdent un lopin de quelqu'étendue, surtout s'il est en plaine, ou au flanc d'un coteau à pente pas trop rapide, doivent s'ingénier à pouvoir cultiver, et à le faire, si c'est possible, dans des conditions économiques acceptables. La charrue vigneronne remplit la plupart de ces desiderata. Un homme, une bête de trait et son conducteur, s'il y a lieu, feront en un jour plus que la besogne de sept ouvriers armés de pioches.

Et qu'on ne vienne pas invoquer que la mise

(1) *Le Courrier de Lyon*, n° du 20 avril 1885.

en train de ce nouveau système nécessitera l'achat d'un attelage. Toute exploitation un peu importante comporte la présence d'un cheval, d'un mulet, d'un âne, de bœufs ou de vaches. Tous ces animaux sont aptes à tirer une charrue. La chose est évidente pour le cheval et autres solipèdes, elle ne l'est pas moins pour tous ceux qui ont essayé d'utiliser le bœuf ou même la simple vache.

Ceci nous ramène à faire une fois de plus l'éloge de cette brave nourrice du vigneron dont nous avons parlé au courant de la première partie de cet ouvrage. La vache, robuste et de forte taille que nous avons en Beaujolais, accepte volontiers de nous rendre ce nouveau service; son grand œil, au regard si bon, vous dit bien vite qu'elle comprend ce que nous attendons d'elle, et c'est plaisir de la voir passer lentement, mais adroitement, entre nos ceps plantés à la faible distance de un mètre. On a peine à le croire, mais le résultat est là; le fait est du reste également vrai pour le bœuf si volumineux qu'il soit.

Comme il est facile de cultiver avec une charrue près d'un hectare par jour, à la seule condition de choisir le moment propice, celui où le terrain est bien en état, ce qui est une garantie de bon travail, on peut multiplier les façons et en donner une supplémentaire que nous engageons fort à ne pas négliger. Nous verrons tout à l'heure quels sont les différents systèmes de charrues ; choisissons-en une munie d'un buttoir, et, aussitôt après la chute des feuilles, introduisons le soc, pourvu de deux oreilles, entre deux rangées de ceps, nous creuserons ainsi un fossé ou rigole de profondeur suffisante (12, 15 ou même 20 centimètres), qui facilitera, pendant l'hiver, l'écoulement des eaux de toute nature. Les ceps seront ainsi soumis à un drainage parfaitement régulier et très rapproché.

A tous ceux qui connaissent la culture du Beaujolais, nous n'apprendrons rien en disant que, de toute antiquité, on établit dans notre région des fossés d'assainissement assez profonds, tous les six ou sept rangs de ceps. Il y a dix ans, lors de la plantation de nos premières greffes, nous avons voulu supprimer ces rigoles (*rases* du pays) qui ont, à notre avis, peu d'utilité, mais augmentent la main-d'œuvre et présentent d'autres inconvénients, sur les coteaux un peu pentifs. Ah ! Ce fut un joli concert de moqueries ! C'était à qui nous enverrait dans un asile d'aliénés (textuel) ! L'arbuste cher à Bacchus craint, disait-on, spécialement l'humidité, plus de rases et les racines vont pourrir, etc., etc.

A l'automne suivant, notre buttoir, actionné par une seule vache, ce qui était une nouvelle hérésie, se chargea de prouver que, loin de supprimer les fossés d'assainissement, nous en creusions un pour chaque rangée de ceps. Les lazzis cessèrent. Aujourd'hui, on admet, on approuve même, le système de culture. Soyons vrais, on ne l'imite pas encore beaucoup, la routine est si douce chose pour les paysans, et puis ils ne voudraient pas *retirer le pain de la main de l'ouvrier*. Ce sont de rudes travailleurs, nous leur rendons justice, mais songent-ils qu'il ne leur poussera pas de bras supplémentaires pour piocher les vignes nouvelles qu'ils créent abondamment en ce moment. Il faut aujourd'hui greffer, sulfater et faire quantité de travaux inconnus il y a dix ans, le nombre des ouvriers a diminué d'un tiers ou même de moitié; comment résoudre le problème ?

Il en est du labourage des vignes comme il en a été de la greffe. La pioche ira rejoindre au grenier la vieille faucille remplacée par la faux ou la machine, l'antique fléau remplacé par la batteuse, le van suranné et le pressoir à grand point. Qu'il y a loin de la torche fumeuse à l'éblouissante lumière électrique, du char à bœufs des rois fainéants aux trains rapides de nos chemins de fer!

AVANTAGES ET INCONVÉNIENTS. — CULTURE MIXTE

Est-ce à dire que toutes les vignes se doivent labourer? Non, nous en avons donné la raison. Le petit propriétaire, il y en a beaucoup dans les pays viticoles, ceux qui ne possèdent pas de bête de trait, continueront par économie à cultiver à la main. Il en sera de même du vigneron des montagnes, aussi de celui qui veille avec tant de soin sur une collection précieuse de cépages.

Il est incontestable, en effet, que si la charrue draine mieux, diminue les frais de main-d'œuvre, les cultures qu'on obtient avec elle sont moins artistiques, pour ainsi dire, que celles faites à la main par un habile ouvrier. La façon donnée par le buttoir, par exemple, nécessite l'emploi d'un petit outil à main pour enlever les herbes restant auprès de la souche. Quant au sarclage, il s'opère aussi bien et dix fois plus vite à l'aide de la charrue qu'à l'aide du râtissoir à main.

Le débuttage seul, ou déchaussement des ceps, c'est-à-dire la première façon de printemps est d'une exécution plus difficile et plus dangereuse à la charrue qu'à la pioche ou à la bêche. Ceci est évident et se comprend facilement; l'œil de l'ouvrier et sa main n'étant plus assez rapprochés de la terre. Mais malgré tout, et surtout si l'on envisage la question dépenses et recettes, celui qui possède plusieurs hectares de vignes doit songer aujourd'hui à y introduire la charrue, même avec son débuttoir, dût-il offenser l'écorce de quelques souches. Qui oserait penser à employer uniquement la bêche et le râteau de fer pour cultiver une terre à blé! A la petite culture, l'outil à main bien emmanché, à la grande la machine perfectionnée!

Pour toutes ces causes nous conseillerons à celui qui désire avoir un vignoble bien tenu d'employer un système que nous qualifierons de culture mixte et qui se résumera en ceci :

Butter à la charrue à l'automne, aussitôt après la chute des feuilles, et maintenir bien propre, pendant l'hiver, le fossé ou rigole creusé par le soc.

Donner à la main la première façon du prin temps, c'est-à-dire le débuttage.

Procéder à la troisième façon et aux différents sarclages par celui des deux systèmes que l'on croira le plus avantageux.

LES CHARRUES VIGNERONNES

Dans le Midi, on emploie surtout les charrues araires avec socs à longues pointes bien appropriées aux terrains secs de cette région. L'*âge* de ces instruments vient se relier à un brancard en bois fourchu *(fourca)* ; l'ensemble forme un tout rigide, avantageux peut-être au point de vue de la simplicité, mais donnant lieu à des irrégularités de profondeur résultant des mouvements du cheval en marche.

Les charrues de MM. Eybert fils, à Pont-Saint-Esprit et celle de M. Vernette, à Béziers, dont nous donnons ci-après la gravure, sont les modèles les plus appréciés de ce type recommandable par son extrême bon marché.

Malgré ces avantages, la charrue à poulie, originaire de la Touraine, dont le travail est préférable, devient de plus en plus usitée dans les pays vignobles.

Pour bien remplir son but, une charrue

vigneronne doit, tout en étant très solide, présenter le moins de poids possible, ce qui facilite la traction et permet au vigneron de la retourner aisément au bout de la ligne. La substitution de l'acier au fer et à la fonte dans la constitution du corps de la charrue a réalisé un progrès notable.

Fig. 57. Charrue Vernette

Ce corps, par rapport à l'âge, est *déjeté* fortement à droite pour que le soc puisse approcher les ceps sans risquer de les accrocher. La pointe, au lieu d'être parallèle à l'axe de la charrue, est légèrement rentrée à l'avant afin d'éviter les souches lorsqu'on déchausse.

En faisant varier la hauteur d'une poulie et d'un régulateur placés à l'extrémité de l'âge, on fixe à volonté la profondeur du labour. Le régulateur doit être placé de façon à ce que la poulie marque à peine son passage; elle ne doit point s'enfoncer dans le sol.

Disons, pour terminer, qu'un bonne charrue vigneronne est nécessairement munie de mancherons articulés pour ne point gêner l'ouvrier qui peut ainsi les placer à gauche pour déchausser, au milieu pour les labours d'été, à droite pour chausser ou buter.

Fig. 58. Charrue vigneronne.

Avec une charrue ainsi faite, les travaux s'opèrent rapidement. Courant mars, on donne le premier labour, de façon à ce que tout soit terminé, une quinzaine au moins, avant que les gelées de printemps ne soient à craindre : chacun sait combien un travail récent de la terre favorise leur action. A ce moment, la charrue doit déchausser le cep et ramener la terre au milieu, comblant ainsi le fossé d'assainissement qu'on avait fait à l'automne.

Les labours d'été s'exécutent en mai, juin et juillet; ils doivent être superficiels, et nous leur préférons les binages à la houe vigneronne.

Enfin il ne faut pas biner pendant la floraison afin d'éviter la coulure.

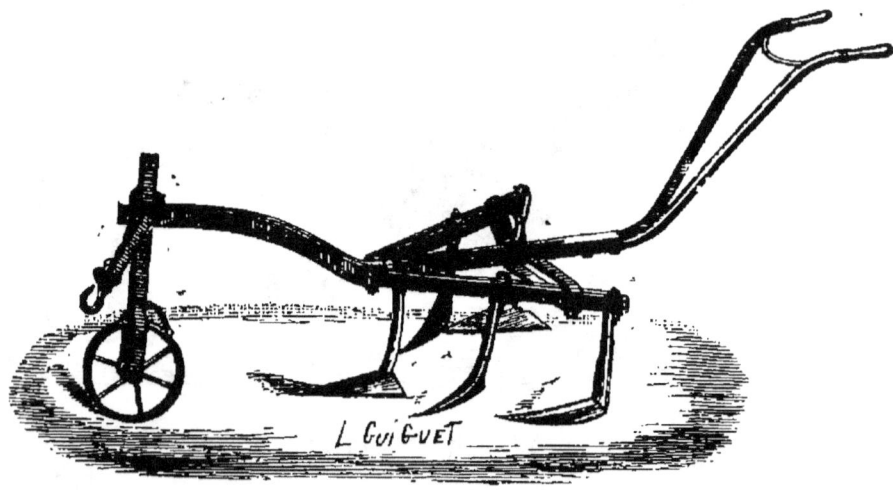

Fig. 59. Houe à expansion.

La houe à expansion, dont nous donnons ici le dessin, règle la largeur à volonté de 0^{m}40 à 0^{m}80. Le travail va plus vite qu'avec la charrue; on fait facilement un hectare par jour. Suivant les terrains, on varie les socs : les fers étroits à têtes de serpent ou dents de scarificateur conviennent aux sols durs et cailouteux, les socs larges, triangulaires, sont préférables dans les terrains meubles et homogènes.

Mieux vaut, pour les binages, recourir à un instrument spécial qu'à tous ces accessoires destinés à rendre les charrues universelles et ne réussissant le plus souvent qu'à les rendre incommodes. Et puis, le boulon ou la clef, qui manquent au moment de la mise en œuvre!

A notre avis, la houe est préférable à la pioche parce que le vigneron hésite moins à donner une ou deux façons supplémentaires quand la culture l'exige.

Aussi ne fixons-nous pas le nombre de ces binages, deux suffisent bien souvent, mais nous avons dû en faire jusqu'à cinq l'an dernier pour nous défendre des herbes.

La dernière façon, celle d'automne, se fera à la charrue vigneronne ordinaire; elle ouvrira un fossé entre les lignes de ceps, le soc et le versoir prenant la terre au milieu et la rejetant contre les souches. Cette opération, bienfaisante pour toutes les vignes, est surtout utile, indispensable même quand il s'agit des vignes greffées. Pour celles-ci, comme l'a dit notre ami Champin : buttons, buttons, buttons toujours... C'est le moyen de mettre nos points de soudure à l'abri de la gelée et d'assainir la vigne par des rigoles.

Si l'écartement des lignes est d'un mètre au moins, le buttage se fait en deux fois avec la charrue vigneronne que nous avons décrite. Si la distance est moindre, on opère en une seule fois en remplaçant le corps de charrue par un butteur à deux oreilles.

Bien qu'on puisse, à la rigueur, labourer les vignes en attelant avec le harnais ordinaire, il est préférable d'en employer un spécialement viticole, analogue à celui dont se servent les mariniers pour la traction des bateaux. Ce harnais facilite le passage dans les vignes à faible espacement : le palonnier, dans ce modèle, est remplacé par un arc en fer, garni de cuir, entourant la croupe du cheval et portant au centre de la courbe un crochet sur lequel s'emmanche la chaîne de traction.

Disons, pour conclure, que presque toutes les vignes peuvent être disposées en vue du labourage. Il suffit pour cela de leur donner $0^m 90$ d'écartement entre les lignes, pourvu que la pente ne soit pas trop forte... Nous voyons d'ici ces pentes trop fortes faire sourire les vignerons de la Basse-Bourgogne qui labourent presque toutes leur vignes, même celles dont ils remontent la terre à la hotte.

Quant au rapprochement des lignes, sauf s'il s'agit de plants fins qui méritent des égards, on aurait souvent avantage à supprimer une ligne sur deux, pour rendre possible la culture à la charrue.

Nous nous sommes étendus assez longuement sur tous les soins culturaux que réclament les vignes adultes, tel était le but de cette troisième partie. Désireux de maintenir exactement le plan que nous nous sommes tracé, nous devrions à ce moment parler de *l'ébourgeonnage*, de *l'échalassement*, de *l'accolage*, *relevage* ou *attachage* des pampres, du *pinçage* et *rognage*, en un mot de tout ce qui concerne l'entretien de la vigne depuis la taille jusqu'à la vendange. Toutes ces matières ont été successivement abordées dans le chapitre IV de cette troisième partie. Nous y renvoyons nos lecteurs.

Et puisque nous savons maintenant tout ce que nous avons à faire pour planter et cultiver, que nous devons voir nos vignes couvertes de beaux raisins, étudions donc la manière de faire le vin.

QUATRIÈME PARTIE

LE VIN. — COMMENT ON LE FAIT. — LE CELLIER OU CUVAGE. LA CAVE. — LES MALADIES DU VIN.

CHAPITRE I

Véraison. — Maturité. — Pèse-moût ou Gleucomètre. — Vendanges. — Ecrasement ou Foulage préalable. — Transport de la récolte.

Voici l'été à son déclin. Si nous avons échappé à toutes les maladies dont il sera parlé dans la Ve partie de cet ouvrage, si la floraison s'est effectuée par un beau temps, sans humidité froide, si le fruit a bien noué, les raisins vont changer de couleur. Ils passeront du vert au gris violacé, puis au rouge et au noir, s'il s'agit d'un cépage à jus rouge;

ils s'éclairciront puis se doreront s'il s'agit d'un cépage blanc.

En même temps, la végétation du cep subit une crise : le bois se colore, cesse de pousser et la feuille jaunit légèrement, le sarment *s'aoûte*. Le raisin grossit, perd son acidité, en même temps la grappe, et surtout son pédoncule, prennent le même aspect que le bois. Nous sommes arrivés à l'époque de la *véraison*.

MATURITÉ.

Elle a lieu dans nos régions exactement trois mois après la floraison de la vigne, et plus sûrement, dit-on, quatre-vingt-dix jours après la première éclosion de la fleur du lys blanc. Nos vignerons beaujolais, qui le savent bien, cultivent tous un ou deux oignons de cette plante, emblême de la pureté, dans le but unique d'être fixés sur l'époque des vendanges. L'intervalle qui s'écoule entre la véraison et la maturité est pour nos régions d'environ six semaines.

L'œil exercé du paysan reconnaît que le raisin est mûr lorsque, ayant atteint son maximum de coloration, il s'éclaircit. A ce moment la grappe semble retomber, le grain s'attendrit, se détache facilement en laissant un *pinceau* adhérent au pédicelle, le jus devient sirupeux. Il faut procéder à la cueillette.

Il est très important que la maturité soit complète, au moins dans notre zone du centre, car alors le moût contiendra sa dose maximum de sucre, qui, personne ne l'ignore, sera transformé en alcool par la fermentation. N'exagérons rien cependant, car si nous tardons trop, que le raisin commence à flétrir, nous ferons du vin mou, moins *fruité* de goût. Cela est surtout vrai pour le Gamay. En Beaujolais, terre classique de ce cépage, puisqu'on l'y cultive uniquement, l'expérience a prouvé que cueillir le raisin trop mûr ne valait rien ; c'est ce qu'exprime notre vieux dicton :

Vin vert, vin cher !

Du reste s'il est permis sous un climat sec et brûlant de peu compter avec la pourriture et d'accorder quelque répit à une récolte paresseuse, pareille pratique est dangereuse chez nous où les vents de l'équinoxe nous amènent bien souvent des ondées nuisibles.

C'est même cette nécessité de choisir le moment bien propice pour cueillir les raisins, surtout ceux de variétés à graines serrées et dont la pellicule est tendre, qui rend, suivant nous, tout-à-fait dommageable cet usage suranné qui existe encore dans certains pays et qu'on appelle le *ban de vendange*. Sans parler de l'atteinte portée à la liberté individuelle, il nous sera bien permis de faire remarquer que le ban de vendange annihile la somme de connaissances qu'a pu acquérir le bon cultivateur. Et si le malheureux a voulu essayer d'une variété plus précoce ou plus tardive que celles en honneur dans sa région ? S'imagine-t-on l'Ischia ou le Portugais bleu, la Madeleine angevine ou le Malingre condamnés à rester au cep jusqu'à ce qu'il ait plu à la Mondeuse ou au Muscat de Hambourg, d'adoucir suffisamment leur verjus. Si au moins le garde champêtre avait le pouvoir de verbaliser contre la guêpe gourmande !

PÈSE-MOUT OU GLEUCOMÈTRE.

Ici encore la science vient en aide à l'observateur le plus expérimenté, et permet de s'assurer de la maturité en consultant un petit appareil : le *Gleucomètre*. Il en existe plusieurs systèmes, le meilleur, suivant nous, est celui de Gay-Lussac perfectionné par le docteur Guyot : c'est un petit tube en verre semblable à un thermomètre lesté à la base. Ce qui distingue celui portant le nom du célèbre viticulteur, c'est que sur sa tige figurent trois échelles : la bleue, échelle de Baumé, donne la densité du moût ; la blanche indique la quantité d'alcool que produira le moût; la jaune donne le sucre en poids contenu dans le moût.

Lorsqu'on croit les raisins mûrs on en cueille quelques-uns dont on extrait le jus en serrant dans un linge fin. Ceci fait, on verse dans une éprouvette en verre et on y plonge le gleucomètre : l'échelle blanche donnera le degré approximatif d'alcool que contiendra le vin, la jaune le poids du sucre que renferme le moût et le docteur Guyot dit :

« Tant que le raisin d'un cépage connu peut
« gagner en degrés gleucométriques, il ne doit
« pas être vendangé, si, le 1er novembre n'est
« pas passé. »

On voit quelle est l'utilité de ce petit appareil pour fixer l'époque de la vendange. Le service qu'il rend en indiquant le degré alcoolique du vin futur n'est pas moins appréciable.

VENDANGES.

Cette fois nous y sommes : jeunes et vieux, hommes, femmes et enfants, entonnons nos refrains les plus joyeux et rendons-nous à la vigne pour remplir de grappes savoureuses nos paniers, caques champenoises, seilles ou jarlots beaujolais, seaux, vases de tous noms, de toute nature et de toutes formes! Nous allons vendanger!

N'attendez pas que nous entrions ici dans de bien grands détails; chaque contrée vinicole procède à sa façon à cet important travail et nous avons dit que souvent il ne fallait pas apporter d'innovations trop radicales dans le système de culture d'un pays, brusquement au moins : si le Bourguignon jette ses grappes dans un panier et le contenu dans une hotte portée à dos d'homme, soyez convaincu que c'est parce qu'il a reconnu qu'il lui serait difficile de faire transporter sur les pentes raides de la Côte-d'Or la *pastière* de l'Hérault ou simplement la *benne* beaujolaise.

D'une façon générale on peut dire que vendanger consiste à ramasser dans le meilleur état possible les raisins destinés à la cuve.

Pour cela chaque ouvrier doit être muni d'un vase bien étanche, aussi léger que possible, mais de capacité suffisante. Ces vases, une fois pleins, sont versés dans un récipient plus grand que l'on porte à la cuve. Nous avons parlé de vases étanches, nous n'entendons pas pour cela blâmer le panier dont on se sert en Bourgogne ou en Bordelais, mais nous n'en recommanderons pas l'usage dans les vignobles plantés de cépages à fruits tendres et à jus abondant.

Etant donné que le vendangeur doit être soigneux, doit rejeter les feuilles, débris de sarments ou autres, graines pourries et grappes vertes, vulgairement *conscrits*, provenant d'une floraison de deuxième époque, ne serait-il pas préférable de vendanger en deux fois ou même davantage pour ne livrer à la fermentation que les grains parfaitement mûrs? Le docteur Guyot (1) conseille beaucoup ce mode de procéder sur lequel il s'étend longuement. Nous approuvons complétement sa théorie, mais le système est-il bien pratique dans les vignobles produisant cent hectolitres au plus à l'hectare d'un vin se vendant dans des conditions honnêtes mais ne rappelant que

(1) *Culture de la Vigne*, ouvrage déjà cité.

de bien loin les prix de nos grands crûs ? Evidemment, vendanger en plusieurs fois augmente d'une somme insignifiante le prix de revient d'un fût de vin de Bourgogne ou de l'Hermitage. Là on fera bien de ne ramasser les raisins qu'au fur et à mesure de leur maturité. Nous avons bien vu, dans le pays de Sauterne, procéder successivement à cinq ou six cueillettes en détachant avec des ciseaux des portions, voire les graines d'une grappe inégalement mûre. Mais, pour procéder ainsi, il faudrait mettre à la disposition de nos vignerons du Centre, et au même prix, les coolies chinois employés dans le Nouveau-Monde et encore !

ÉCRASEMENT OU FOULAGE PRÉALABLE.
TRANSPORT DE LA RÉCOLTE.

Encore une question des plus discutées que celle de savoir s'il convient d'écraser le raisin avant de le jeter à la cuve. C'est absolument comme lorsque nous aborderons, dans un instant, la question de l'égrappage, et, si cette pratique de l'écrasement à la vigne n'était pas universellement usitée dans nos propres vignobles et ceux de nos voisins, nous n'en parlerions pas. Dans le Haut-Beaujolais les grappes, versées dans une *benne*, grand vase en bois étanche, sont écrasées à la main jusqu'à ce que le raisin fasse le vin, et sans qu'on rejette la rafle.

A peu de distance de la région que nous habitons, on n'opère plus ainsi et dans beaucoup de pays, la plupart même, cet écrasement ou foulage préalable, est sévèrement prohibé. Qui a tort, qui a raison? Nous ne savons pas si de la discussion jaillirait la lumière, et nous nous bornerons à mentionner le fait. Du reste, dans cette question de vinification, il en sera de même à tout instant. A chacun de faire ce qui lui semblera préférable; en laissant la grappe on fera un vin plus vert, plus acide; l'égrappage, au contraire diminuera la verdeur et l'astringence, rendra le vin plus tendre les vignerons peuvent donc, suivant les crûs et la maturité, procéder à leur gré pour ainsi dire.

Quoiqu'il en soit notre vendange est faite et nous allons regagner le logis à la suite des paniers, bennes, pastières ou balonges transportant la précieuse récolte. Heureux nous serons si la journée a été éclairée d'un soleil radieux, la fermentation en vaudra mieux; heureux aussi si nous avons rempli convenablement la cuve préparée à l'avance, car il faut éviter d'employer deux jours à remplir la même cuve afin de ne pas arrêter, le second jour, la fermentation commencée la veille.

CHAPITRE II

Le Cellier ou Cuvage. — Cuves. — Fermentation. — Amélioration de la Vendange. — Sucrage. — Vins de sucre.

Les celliers, appelés aussi cuvages, sont généralement, dans la région que nous habitons, de simples hangars plus ou moins ouverts, abrités par une couverture en tuiles.

Cette disposition n'est pas toujours favorable à une bonne fermentation. Il arrive souvent, surtout si les vendanges sont tardives, que la cuve est difficile à mettre en train ; *elle ne veut pas bouillir*. Parfois aussi la fermentation commencée s'arrête subitement sous l'influence du froid.

Nous conseillons donc d'établir toujours un plafond, ou plancher, en dessous des tuiles, par ce moyen on interceptera l'air froid produit par un courant d'air trop vif. Il sera bon également de faire les ouvertures au midi, et de s'organiser de façon à pouvoir élever la température du local à l'aide d'un ou plusieurs poëles. C'est plus simple et cela vaut mieux, à notre avis, que de chauffer la cuve avec des appareils plus ou moins compliqués.

Dans le Midi et en Algérie, les viticulteurs n'ont pas les mêmes préoccupations, bien au contraire, c'est la chaleur qu'ils redoutent ! Un de nos amis, M. Combier, de Valence, a eu l'idée ingénieuse de faire arroser le cellier avec un pulvérisateur : il a ainsi obtenu un abaissement de température de 3 degrés. C'est un emploi non prévu des pulvérisateurs. Avons nous besoin de dire que le cellier doit être absolument propre, qu'il ne doit renfermer ni choux, ni pommes de terre, ni aucune autre substance fermentescible ? Au risque de passer pour rabacheurs et dogmatiques, répétons encore que la propreté la plus rigoureuse du cellier et des vases vinaires est le plus sûr moyen de prévenir les maladies du vin.

CUVES OU FOUDRES.

Rassurez-vous, nous n'allons point reprendre par le menu l'étude de cette question qui nous divise le plus et qui partage les viticulteurs en deux grands camps... qui ont probablement tous deux raison, ou tout au moins chacun d'excellentes raisons à faire valoir.

Dans le Lyonnais on n'emploie guère que les cuves ouvertes, commodes à nettoyer et permettant le foulage à la cuve, mais qui ont aussi le défaut, en laissant à l'air un accès facile sur le chapeau, de favoriser *l'acescence* surtout quand les vases sont trop pleins.

Les foudres et les cuves fermées, plus difficiles à entretenir, à remplir et à fouler écartent en partie ce danger d'acétification.

La vendange, préalablement broyée, est introduite par une trappe qu'on laisse ouverte pendant la fermentation tumultueuse, mais qu'on ferme ausssitôt après.

FERMENTATION.

La vendange étant mise en cuve, si la température est convenable, la fermentation ne tarde pas à s'établir.

Mais qu'est-ce que la fermentation ? Tout le monde connaît ses résultats et ses manifestations; on sait que le liquide sucré qui fermente perd peu à peu son sucre, et que celui-ci se transforme en alcool d'une part, d'autre part en acide carbonique, qui, se dégageant tumultueusement, donne au moût l'apparence de l'ébullition.

Or, depuis très longtemps, on avait constaté dans les fermentations la présence de très petites cellules vivantes, se multipliant rapidement et dont la nature végétale ne faisait de doute pour personne. Cependant on n'attribuait aucun rôle à ces cellules dans la fermentation, et les théories les plus diverses avaient été émises pour expliquer ce phénomène. C'est à M. Pasteur que revient l'honneur d'avoir démontré que ces petits organismes, qu'on a rattachés aux champignons sous le nom de *saccharomyces*, sont bien la cause de la fermentation et ne sont pas produits par elle. A la suite de recherches minutieuses, l'illustre savant a donné l'explication suivante de leur action :

On sait que tout être qui vit respire. Cette loi est absolument générale et aucun être organisé, végétal ou animal, ne s'y soustrait. Or, la respiration consiste dans une absorption d'oxygène et dans un dégagement d'acide carbonique. Les animaux ainsi que les plantes supérieures puisent cet oxygène nécessaire à leur respiration dans l'air qui nous entoure; mais certains organismes inférieurs, comme les ferments, ont la faculté de le prendre dans les corps composés facilement décomposables qu'ils dédoublent et transforment en produits divers. C'est ainsi que, dans le cas qui nous occupe, le ferment alcoolique, vivant au milieu d'un liquide sucré, décompose le sucre en alcool et en acide carbonique et donne lieu à la fermentation. En outre de ces deux produits principaux, son action donne naissance à quelques autres corps tels que la glycérine, l'acide succinique, etc., etc.

Il existe un grand nombre d'espèces de ferments alcooliques; chacun d'eux paraît communiquer au liquide qu'il fait fermenter un goût qui lui est particulier. Ainsi M. Pasteur a reconnu que la bière, fermentée avec la levure de vin sent le vin, et *vice versa*.

Ces germes se trouvent répandus en grande abondance dans l'atmosphère et se déposent sur les raisins, sur les fruits, etc., dont l'écrasement met à leur disposition le milieu favorable dans lequel ils se multiplient. Ils sont très abondants à la fin de l'été et à l'automne, alors qu'au printemps on n'en trouve peu ou même pas.

Comme pour tout végétal, la vie et l'activité de ces ferments sont liées à certaines causes extérieures. Ainsi la température a une grande action sur eux. A 8° ou 9° le ferment du vin est engourdi, ne travaille pas; son action commence à se manifester autour de 12°; mais la température qui lui est le plus favorable est comprise entre 20° et 30°; son action se ralentit à 35°; à 45°, il est complètement paralysé.

Si la température est trop basse, il nous faudra donc échauffer la vendange soit en chauffant une partie du moût et en le versant sur le reste, ou mieux en chauffant la salle où se fait la fermentation.

Il faut aussi que le ferment trouve dans le liquide diverses substances nécessaires à sa vie : Ainsi une simple solution de sucre ne peut entrer en fermentation alcoolique que si on lui ajoute une petite quantité de matières azotées, de potasse, d'acide phosphorique, etc. Ces matières se trouvent naturellement dans le jus du raisin et nous n'avons pas à nous en inquiéter.

Nous avons vu plus haut que l'air n'est pas nécessaire à la vie du ferment puisque celui-ci prend dans le sucre l'oxygène dont il a besoin. Cependant, lorsque la levure a vécu longtemps dans un milieu absolument privé d'air, le ferment perd de son activité, ne fonctionne plus aussi bien et, dans le langage courant, on dit que la levure est devenue *vieille*.

Il est alors nécessaire de la rajeunir en aérant le moût dans lequel elle vit. Cette pratique est aussi indispensable lorsque le ferment a été anesthésié par une trop forte élévation de température. Pour cela on emploie divers moyens parmi lesquels nous citerons : le foulage du chapeau, le soutirage d'une partie du moût qu'on reverse sur la cuve, etc., etc.

Donc par *fermentation* nous entendons simplement la transformation du sucre du raisin en alcool, en acide carbonique et petite quantité d'autres corps. Mais cette fermentation ne se produit ainsi que dans la fabrication des vins blancs où le moût a été isolé du marc. Le phénomène se complique lorsque le jus du raisin fermente en présence des raffles, des pellicules, des pepins. Il y a alors en même temps *macération* qui aura pour résultat la dissolution par le moût ou le vin (car on laisse quelquefois le vin en contact avec le marc quelques jours encore après que la fermentation est terminée) de certains principes solides renfermés dans les parties constituantes du marc.

Ainsi les pepins céderont du tannin, les pellicules de la matière colorante, les raffles des acides, de la crème de tartre, etc.

Ce fait peut nous guider dans diverses opérations vinaires ayant pour but de modifier le vin que l'on veut obtenir. Si l'on désire un vin rosé, nous ne laisserons le moût que peu de temps en contact avec le marc, et on soutirera, par conséquent on arrêtera la macération avant que la fermentation ne soit terminée.

Pour obtenir un vin plus coloré, nous prolongerons la macération; mais cela l'enrichira en crème de tartre, en tannin, en acides et le vin sera plus âpre. Si nous voulons diminuer la verdeur, nous pratiquerons l'égrappage, etc.

Enfin, de quelque manière que nous opérions, la concordance de ces deux phénomènes, fermentation et macération, nous donnera du vin. Nous n'aurons plus qu'à veiller à son vieillissement en tâchant, par des soins appropriés, d'éviter tous les accidents jusqu'au moment où il sera au point voulu pour être présenté sur la table et dans les verres.

AMÉLIORATION DE LA VENDANGE. — SUCRAGE. VINS DE SUCRE.

Pour une foule de raisons, le raisin, au moment de sa récolte, peut ne pas présenter les qualités nécessaires à la confection d'un bon vin. Ainsi les froids précoces peuvent arrêter la maturité, celle-ci peut être entravée par les nombreuses maladies de la vigne qui attaquent soit les feuilles, soit directement les grappes, par les lésions que causent les insectes ampélophages. Il est donc nécessaire d'améliorer ces mauvaises vendanges si on veut faire un vin buvable ; ces améliorations sont également indispensables pour la vinification de certains cépages américains dont le moût ne présente pas les conditions nécessaires.

La pauvreté du raisin en tannin et en acides, dans le Midi, rend le plâtrage très utile pour augmenter cette acidité et déféquer la vendange.

Pour le vin de Jacquez, dont la matière colorante très peu stable passe au violet et se précipite au contact de l'air, l'addition d'acide tartrique est nécessaire si on veut éviter cet accident ; au Cynthiana dont le moût est extrêmement chargé, il faut ajouter une grande quantité d'eau et du sucre pour obtenir une boisson acceptable.

Dans la région du centre où, pour les causes indiquées plus haut, la maturation se trouve souvent entravée ou arrêtée, la plus importante des opérations ayant pour but d'améliorer la vendange est le

SUCRAGE

Le sucrage de la vendange a été proposé au commencement de ce siècle par Chaptal. Mais pendant de longues années, le haut prix des sucres raffinés et l'impureté des glucoses en ont arrêté le développement. Aujourd'hui l'emploi du sucre à la cuve est entré complètement dans la pratique, grâce à l'appui des savants, grâce aussi à la législation (lois du 29 juillet 1884 et du 27 mai 1887) qui exempte d'une partie des droits les sucres destinés à l'amélioration des vendanges.

Qualité du sucre à employer. — Diverses sortes de sucres sont susceptibles de subir la fermentation alcoolique; mais nous dirons de suite que les cassonades, les divers glucoses, doivent toujours être rejetés. Les sucres sont en effet plus ou moins impurs, ne sont pas complètement fermentescibles et laissent dans le vin des matériaux qui peuvent en empêcher la conservation, outre qu'ils lui communiquent un goût souvent très désagréable. Le sucre raffiné blanc, en pains, ou mieux le sucre granulé en petits cristaux, qui coûte moins cher et contient 98, 5 de sucre pur, seront les seuls employés.

Manière d'opérer. — Quelques propriétaires ajoutent ce sucre directement à la vendange et foulent ensuite le chapeau, mais ce procédé est mauvais. Il arrive souvent, en effet, que la dissolution est incomplète ; les cristaux tombent au fond de la cuve où on les retrouve ensuite mélangés au marc, après le décuvage. Il en résulte une perte sèche puisque le but pour lequel ce sucre avait été employé n'a pas été atteint. Il est préférable de le faire complètement dissoudre dans une petite quantité d'eau chaude, ou mieux de moût chauffé, et verser ensuite cette solution sur la cuve quand la fermentation est bien en train. Si le marc a été dénaturé avec du moût, on fait bouillir une certaine quantité d'eau et on la jette sur le mélange. On évite, par ce moyen, que le moût prenne le goût de cuit.

Puisque l'effet de la fermentation du sucre est de produire de l'alcool, il semble qu'on pourrait ajouter directement de l'alcool au vin, en un mot que le *vinage* pourrait remplacer le sucrage. Il n'en est rien : si le sucre fermente dans de bonnes conditions, le sucrage revient moins cher que le vinage ; en outre la fermentation du sucre avec le moût produit non-seulement de l'alcool, mais encore une petite quantité de glycérine, d'acide succinique, de divers éthers, etc. Quand même on ajouterait tous ces corps après coup, en même temps qu'on ferait le vinage, on n'obtiendrait pas du vin identique. La fermentation semble opérer un mélange extrêmement intime, une combinaison de tous ces corps entre eux qu'on ne peut obtenir autrement. Ainsi il est prouvé qu'un vin viné produit des troubles alcooliques semblables à ceux que cause l'alcool lui-même, tandis que ces accidents n'ont pas lieu par l'absorption, même exagérée de vin naturel, que le moût ait été sucré ou non.

Quantité du sucre à employer. — Pour déterminer la quantité de sucre que nous devons employer, nous allons nous servir soit du densimètre, soit du pèse-moût ou glucomètre. On a déjà parlé de ces instruments à propos de la maturité du raisin, et nous ne reviendrons pas sur ce sujet.

Nous baserons notre observation sur la densité ordinaire des moûts produits dans les bonnes années. Supposons que cette densité soit de 1090, ce qui correspond à 11° 3 d'alcool. En 1888, notre vendange, de mauvaise qualité, n'avait qu'une densité de 1060 correspondant à 7° 5 d'alcool. Or, en faisant fermenter pareil moût, on aurait 3° 8 d'alcool en moins que dans une année ordinaire. Sachant que nous devons ajouter 1 kilg. 700 de sucre pour remonter un hectolitre de vin de 1°, nous n'aurons qu'à multiplier cette différence 3° 8 par 1.700 pour connaître la quantité de sucre à ajouter par hectolitre. Ce produit multiplié à son tour par le nombre d'hectolitres de la vendange donnera la quantité totale de sucre à mettre dans la cuve.

Procédé Klein et Frechou. — Le sucre cristallisé, dénommé *saccharose* par les chimistes, a besoin, pour fermenter, de s'hydrater, c'est-à-dire de se transformer en sucre de raisin. Cette hydratation peut se produire sous l'influence d'un ferment soluble sécrété par les levures et qu'on a dénommé *invertine*. Mais il peut arriver que, le ferment s'épuisant dans cette transformation, la fermentation ne devienne ensuite lente, irrégulière.

Aussi MM. Klein et Frechou, après de nombreuses expériences, recommandent de ne donner au ferment que du sucre interverti, c'est-à-dire déjà transformé en sucre fermentescible. Ils ont reconnu que par ce moyen la fermentation était toujours bien meilleure, plus régulière.

Pour intervertir le sucre, le moyen est très simple. Il suffit de le faire bouillir pendant une heure environ avec 3 p. o/oo d'acide sulfurique ou mieux avec 1 %, d'acide tartrique, ce dernier acide existant naturellement dans le vin, et étant un élément de conservation, devra être préféré quoique son emploi soit un peu plus coûteux que celui de l'acide sulfurique.

Disons de suite que les savants auront peut-être beaucoup de peine à décider les vignerons à recourir à ce procédé légèrement pharmaceutique. Aurons-nous le courage de les blâmer ?

VINS DE SUCRE

Le jus du raisin, qui s'enrichit au contact du marc d'une foule de matériaux solides (matières colorantes, tannin, crème de tartre) est loin d'épuiser tous ces principes. Il en reste, après le décuvage, une grande quantité qui n'a pas été utilisée. Aussi l'idée de produire un deuxième vin par une fermentation d'eau sucrée en présence du marc semble-t-elle toute naturelle.

Ce deuxième vin appelé *vin de sucre* ou *vin de marc* sera certainement moins riche que le vin naturel en principes utiles ; mais ce sera encore un liquide hygiénique bien supérieur aux piquettes de raisins secs alcoolisées, aux coupages de vins d'Espagne, en un mot à toutes les boissons plus ou moins frelatées qui, sous le nom de vin, ont été mises en circulation depuis que le phylloxera est venu si considérablement réduire notre production.

On pourra même faire un troisième vin par une nouvelle fermentation d'eau sucrée en présence du marc ; mais ce vin sera encore moins riche que le précédent et on fera bien de s'arrêter là, bien que le marc ne soit pas encore complètement épuisé.

Pour fabriquer ces vins, on devra, *aussitôt* après le décuvage, verser la solution sucrée sur le marc, si celui-ci n'a pas été pressé. Dans ce dernier cas, le gâteau sera rapporté à la cuve *aussi rapidement* que possible, émietté et aussitôt recouvert de la solution sucrée. Par ces moyens, on évitera l'acétification du marc, ce qui nous donnerait un deuxième vin impropre à la consommation.

Quant à la quantité de sucre à employer, on la déterminera selon le degré que l'on veut obtenir à raison de 1 kil. 700 de sucre par degré et par hectolitre. Une bonne proportion sera 17 kil. de sucre par hectolitre, de façon a obtenir un second vin titrant de 9° à 10° d'alcool (1).

Comme l'acidité de ces vins est assez faible, on fera bien d'ajouter 100 gr. d'acide tartrique et 15 à 20 gr. de tannin par hectolitre.

L'acide tartrique sera employé de préférence pour intervertir le sucre par le procédé Klein et Frechou dont nous avons parlé plus haut, car cette interversion paraît surtout nécessaire pour les vins de deuxième cuvée, si on veut obtenir une fermentation complète et un vin susceptible de se conserver.

Nous sommes entrés dans de bien longs détails concernant les procédés de sucrage des

---

(1) Consulter : *Sucrage des vins et vins de seconde cuvée.* — Une brochure de MM. Robin et Vermorel, librairie du *Progrès Agricole*.

vins, hâtons-nous de dire que ce chapitre n'est point écrit pour le Beaujolais. Nos compatriotes, depuis qu'ils ont en partie reconstitué leurs vignobles, n'emploient guère le sucre que pour bonifier les vendanges grêlées, préférant, à tort ou à raison, vendre leur vin tel qu'ils le récoltent que le vendre *amélioré*. Quant aux vins de seconde cuvée, il s'en fait peu, juste ce qu'il faut pour l'office dans les années de pénurie. Du reste, le commerce n'achète guère les vins de Gamay *procédés*, ce qui n'encourage pas, il faut en convenir, les partisans du sucrage.

CHAPITRE III

Pressurages. — Pressoirs. — Vin de tire et vin de broute. — Marc et ses emplois. — Eaux-de-vie. — Un mot de la distillation. — Piquettes — Utilisation des résidus.

La fermentation terminée et le décuvage effectué, il nous restera dans la cuve le marc constitué par les raffles, les pellicules et les pepins. Ce marc renferme, comme une éponge, une quantité de vin assez considérable puisqu'elle a été évaluée à 18 % du vin de tire, et on peut le séparer de différentes façons. Ainsi par lavage nous obtiendrons des piquettes; mais le moyen le plus généralement employé consiste à l'extraire par la pression.

Pour cela on retire le marc de la cuve, on le dispose sur la *maie* d'un pressoir quelconque par couches bien régulières et on presse fortement en s'arrêtant de temps à autre pour laisser au vin le temps de s'écouler. On termine en donnant le maximum de pression, enfin on enlève le gâteau pour l'employer à divers usages, tels que : fabrication de piquettes, distillation de l'eau-de-vie de marc, etc. Il est à remarquer que, quelle que soit la pression exercée, la totalité du vin ne peut pas être extraite ; le marc pressé en renferme encore environ 60 % de son poids.

Dans quelques pays, on pioche le gâteau, et, en le soumettant à une deuxième pression, on en obtient encore une certaine quantité de vin.

Toutes ces opérations doivent être faites aussi rapidement que possible et aussitôt après le décuvage, car le marc s'aigrit avec une très grande facilité. Aussi, dans quelques vignobles très étendus du Midi, où la quantité de marc à presser est considérable, on emploie les presses hydrauliques, qui permettent d'exercer une pression très énergique et d'opérer rapidement. Mais ce sont là des cas particuliers et nous n'avons pas à nous en occuper ici.

LES DIVERS PRESSOIRS

Les pressoirs les plus répandus, ceux qui conviennent à la petite et à la moyenne propriété, sont des pressoirs à vis et sont formés, quels que soient les constructeurs :

D'une *maie* ou *table* horizontale sur laquelle on dispose la vendange.

D'une *vis* placée verticalement au centre.

D'un plateau supérieur qui repose sur le marc.

Enfin, d'un écrou qui, descendant le long de la vis, vient appuyer sur le plateau et exercer la pression.

Aujourd'hui, les divers pressoirs que l'on construit ne diffèrent guère que par la forme de l'écrou, et par la façon dont le mouvement lui est transmis. Dans quelques pays, le marc, qui se tient assez bien de lui-même, est simplement déposé sur le plateau et pressé sans que rien le contienne latéralement, mais il vaut mieux, et c'est ainsi que tous les pressoirs sont construits actuellement, qu'il soit maintenu par une claire-voie. Dans les anciens pressoirs, l'écrou était simple et on le manœuvrait directement au moyen d'un levier en tournant tout autour du pressoir. Pour pouvoir, par ce moyen, exercer une pression un peu forte, il fallait un levier d'une grande longueur et une place considérable. En employant les leviers multiples et les encliquetages, on construit aujourd'hui des pressoirs qui serrent davantage et qui n'exigent que peu de place.

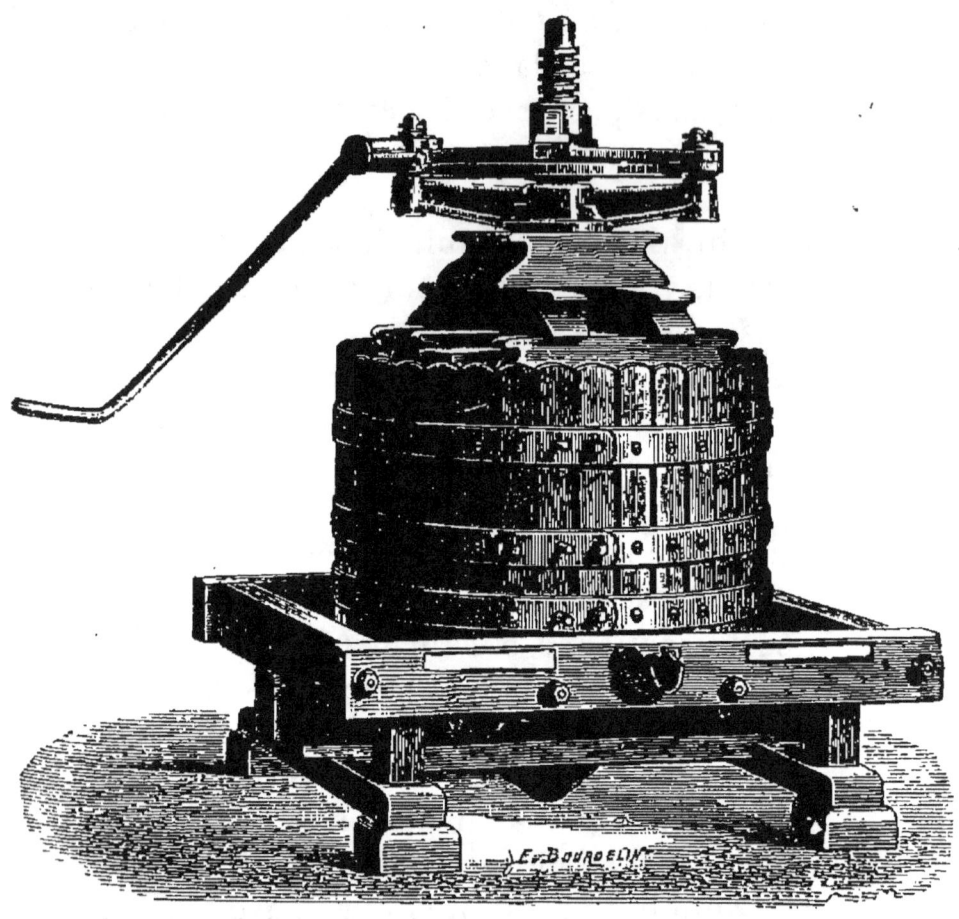

Fig. 60. Pressoir à encliquetage.

En résumé, un bon pressoir doit permettre d'exercer une pression de 5 à 6 kilos par centimètre carré ; cette pression doit être répartie uniformément sur toute la surface du marc, enfin, il faut que les claires-voies permettent un facile et rapide écoulement du liquide.

VIN DE TIRE ET VIN DE BROUTE

Quel que soit le système que nous ayons à notre disposition, le marc nous donnera le vin de *broute*, appelé aussi vin de *presse* ou *pressuri*. Ce vin n'est point identique à celui obtenu par le décuvage et qui porte, dans les diverses régions viticoles, les noms de vin de *tire*, vin de *goutte*, etc. On peut constater ce fait par une simple dégustation; le premier sera plus astringent, âpre, et quelquefois légèrement sucré. Le simple raisonnement pouvait d'ailleurs nous le faire prévoir.

En effet, si parfait qu'ait été le foulage, lors de la mise en cuves, quelques grains peuvent ne pas avoir été écrasés ; à coup sûr un grand nombre de cellules, surtout celles à paroi résistante, qui se trouvent dans les rafles, dans les pellicules et qui contiennent principalement du tannin, des acides, de la crème de tartre, ont échappé à l'écrasage. Ces grains et ces cellules seront brisés par la forte pression exercée sur le marc; leur contenu viendra se mélanger au vin et en modifier la composition. C'est d'ailleurs ce que M. Bouffard, professeur d'œnologie à l'Ecole d'agriculture de Montpellier, a constaté dans ses nombreuses analyses comparatives; il a remarqué que le vin de presse obtenu par un effort très faible était identique au vin de goutte, mais que sa richesse en tannin, en acides, en extrait sec, augmentait au fur et à mesure que la pression était plus puissante.

Ces matières : acides, tannin, crème de tartre, sont des éléments de conservation du vin, mais ils lui enlèvent de sa finesse, lui donnent de l'astringence, de l'âpreté. Aussi, suivant la quantité demandée, il faudra mélanger le vin de broute au vin de tire ou les conserver séparément. S'il s'agit de vins de bonne consommation, corsés, et surtout de vins faibles qui ont tendance à mal se conserver, le mélange devra toujours être fait; au contraire pour les vins très fins, très délicats, comme ceux des grands crûs, il sera bon de conserver le vin de broute séparément.

Nous terminerons en disant encore une fois que l'usage suivi dans la région qu'on habite sera le meilleur guide pour savoir si on doit faire le mélange, ou s'il faut l'éviter. Quoique la routine soit mauvaise, c'est elle cependant qui a créé, avec l'aide du cépage, du sol et du climat, ces grands crûs de France qui jouissent d'une si universelle réputation.

MARC ET SES EMPLOIS

Nous avons dit au commencement de ce chapitre ce qu'est le résidu de la vendange appelé marc. On sait que, si bien qu'il ait été pressuré, le liquide qu'il contient possède encore 60 % du poids total. Voyons comment on pourra extraire les principes utilisables qu'il renferme.

Ici, il nous faut faire une distinction entre les résidus des vins rouges, qui ont cuvé avec le moût, et ceux qui résultent du pressurage immédiat des raisins en vue de la fabrication des vins blancs.

Dans ce dernier cas, les marcs ne renferment pas du vin, mais du moût contenant du sucre. Par une addition d'eau sucrée, on pourra faire fermenter de manière à en fabriquer des vins de sucre, ou bien en extraire, par lavages, le jus sucré, qui, fermenté séparément, donnera une piquette de vin blanc.

Le marc de vin rouge étant de beaucoup le plus important, nous insisterons davantage sur les diverses façons dont il peut être utilisé; parlons tout d'abord de la manière de le conserver.

Il arrive souvent, en effet, que, soit à cause des travaux abondants à ce moment, soit pour toute autre raison, on soit obligé de remettre l'utilisation des marcs à un moment où on aura plus de temps à soi. Mais le marc, gorgé de vin, présente une très grande surface à l'action de l'air, et pour peu que la température soit élevée dans ces belles journées d'automne qui suivent parfois la vendange, toutes les conditions favorables à l'acétification étant réunies, il aigrirait promptement, si l'on ne prenait pas quelques précautions. On n'obtiendrait alors plus tard que des produits inférieurs ou même inutilisables. Pour éviter cet accident, il faut, aussitôt le pressurage terminé, enlever le marc, le mettre dans une cuve en ayant soin de le disposer par couches régulières et fortement tassées, surtout sur les bords. A ce moment on recouvre la surface de quelques centimètres de paille et on charge de 15 ou 20 centimètres de terre. Ainsi traitée la substance qui nous occupe peut se conserver très longtemps sans s'altérer et attendre le moment le plus favorable pour son utilisation.

EAUX-DE-VIE. — UN MOT DE LA DISTILLATION.

En général, le marc pressuré n'est pas utilisé pour la fabrication des vins de deuxième et troisième cuvée. On le distille pour obtenir des eaux-de-vie de marc, ou bien il sert à fabriquer des piquettes et cela par un simple lavage.

Disons quelques mots des deux procédés :

1° *Distillation.*— La distillation, dans le cas particulier qui nous occupe, a pour but de séparer l'alcool du vin dont le marc est imbibé.

Lorsque la concentration de l'alcool est poussée très loin, jusque vers 90°, on obtient les *trois-six* ; lorsqu'elle est arrêtée entre 50° et 60°, on a des *eaux-de-vie* ; c'est le cas le plus fréquent. Les *eaux-de-vie de marc* qu'on produit ainsi possèdent un goût particulier, dû aux matières empyreumatiques provenant des parties solides du marc, qui ont passé avec l'alcool à la distillation. Plus ces matières seront abondantes, plus ce goût spécial sera prononcé. Cette saveur *sui generis*, très estimée dans certaines régions (Beaujolais, Bourgogne, etc.) est, au contraire, dans d'autres contrées, une cause de dépréciation. On devra donc se guider sur les habitudes du pays que l'on habite pour déterminer la nature du produit à obtenir.

La distillation se fait au moyen d'appareils spéciaux nommés *alambics*. Ils se composent essentiellement d'une chaudière où la matière à distiller est portée à l'ébullition, d'un chapiteau ou couvercle, qui ferme hermétiquement la chaudière et qui fait corps, généralement,

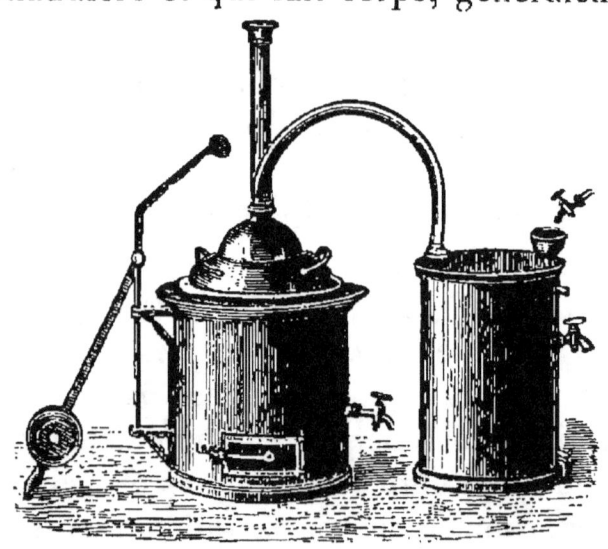

Fig. 61. Alambic Vieux-Gauthier.

avec un col de cygne composé d'un tuyau plus ou moins coudé, conduisant les vapeurs à l'appareil condensateur ou *serpentin*. Celui-ci est composé d'un tuyau de longueur variable enroulé en spirale dans un tonneau ou tout autre récipient rempli d'eau froide.

La chaudière renfermant la matière à distiller peut être échauffée directement par la flamme. L'alambic est alors dit *à feu nu.*

Par ce système, les matières empyreumatiques sont produites en grande abondance et le goût de marc des eaux-de-vie qu'on en obtient est plus accentué. En général, dans tous les pays où cette saveur est appréciée, le commerce préfère les produits ainsi obtenus ; par leur mélange avec des alcools, on obtient des eaux-de-vie dites *marées*, coûtant bien moins cher que la véritable eau-de-vie de marc.

Dans un autre type d'appareils, la flamme n'échauffe tout d'abord qu'un double fond. L'intervalle entre celui-ci et la chaudière est rempli d'eau et c'est par son intermédiaire que se produit l'échauffement de la matière à distiller. Ce sont là les appareils *à bain-marie*. Les produits qu'ils donnent ont un goût moins prononcé, mais sont plus fins et plus appréciés des palais délicats.

Quel que soit le procédé employé, les premières portions d'alcool qui s'écoulent du serpentin, renfermant les éthers volatils que contenait le vin, ont un goût désagréable ; ces produits sont mis de côté, bien que leur degré soit très élevé. Les eaux-de-vie qui passent vers le milieu de la distillation sont les plus appréciées ; puis le degré s'abaisse, les huiles empyreumatiques deviennent de plus en plus abondantes, et les dernières portions obtenues sont de qualité inférieure ; comme les premières gouttes, elles doivent être mises de côté aussi.

L'opération peut se faire en une seule fois, mais le plus généralement on mélange tous les alcools obtenus par la première distillation et on les redistille de nouveau. Cette deuxième opération a reçu le nom de *rectification*.

Enfin, dans les pays où on n'accepte pas le goût de marc, on lave ces résidus comme nous le disons plus loin, de façon à obtenir des piquettes, lesquelles passées à l'alambic donnent des eaux-de-vie franches de goût.

De quelque façon que l'on opère, les produits obtenus ne sont pas consommés immédiatement ; il est nécessaire de les conserver pendant un temps plus ou moins long, pour les utiliser au fur et à mesure des besoins.

Comme les vins, les eaux-de-vie s'améliorent avec le temps ; elles prennent plus de moelleux, plus de finesse, en un mot, elles vieillissent. Le *vieillissement* des eaux-de-vie ne se fait pas en bouteilles, il ne s'obtient que dans les fûts. Ceux de chêne neufs, qu'on aura ébouillantés et soigneusement lavés pour les débarrasser de l'excès des matières tanniques que le bois renferme, sont préférables pour cet usage. L'eau-de-vie y acquiert de la finesse et du bouquet ; malheureusement l'évaporation qui se produit dans de telles conditions diminue et le degré et la quantité. Ainsi on admet que 50 litres d'eau-de-vie enfûtés à 70° ne représentent plus, au bout de 25 ans de conservation, que 35 litres à 50°, soit une perte de 30 o/o sur la quantité et de 28,5 o/o sur le degré ; autrement dit : une perte annuelle de 1 litre 200 et de 1° 14 par hectolitre de liquide.

Cette perte assez considérable vient majorer d'autant le prix des eaux-de-vie vieilles. Aussi certains commerçants leur donnent un vieillissement artificiel en les additionnant de mélasse de canne et d'eau alcoolisée dans laquelle on a fait macérer des copeaux de chêne et même une petite quantité d'ammoniaque.

Piquettes. — Les piquettes se fabriquent très simplement soit en lavant les marcs, soit en les faisant macérer dans l'eau.

La méthode la plus simple consiste à disposer la matière dans des tonneaux et à y verser de l'eau, plus particulièrement de l'eau tiède, jusqu'à ce qu'elle soit recouverte complètement. On laisse macérer pendant un jour et on soutire. Avec des marcs provenant d'un vin de 10° on peut ainsi obtenir des piquettes qui auront 4 ou 5° d'alcool.

Le lavage donne des piquettes ayant un degré plus élevé, on y procède ainsi :

Prenons un fût rempli de marc provenant d'un vin à 10° ; supposons le par la pensée, divisé en plusieurs couches distinctes, 4 par exemple. Notre marc est imbibé de vin titrant 10°. Si nous versons sur la première couche une quantité d'eau égale à la quantité de vin qu'elle contient, il en résultera un mélange qui aura juste la moitié du degré du vin, soit 5°. Le liquide va glisser dans toute la masse et venir se mélanger à la deuxième couche, il en résultera un liquide présentant un titre intermédiaire entre celui du vin que contient la deuxième couche et celui du premier mélange soit :

$$\frac{10 + 5}{2} = 7°5.$$

La même opération aura lieu dans la troisième couche que le liquide traversera ensuite, puis dans la quatrième, au sortir de laquelle l'eau que nous avons versée sera devenue une piquette marquant 9° 37.

Pratiquement on réalise ces conditions en disposant une batterie de cinq ou six cuves communiquant entre elles par des conduits allant de la partie supérieure de l'une à la partie inférieure de la suivante.

On remplit de marc la première cuve et on le recouvre d'eau. Au bout de 2 à 3 heures de macération, on verse de nouveau de l'eau de façon à ce qu'elle arrive par la partie inférieure. Elle déplace alors le premier liquide qui passe dans la deuxième cuve où il subit une nouvelle macération. Et ainsi de suite jusqu'à la dernière cuve où la piquette est soutirée. Le lavage se fait donc de bas en haut.

Quand le marc contenu dans le premier récipient est épuisé, on l'enlève et on le remplace. La cuve de tête devient alors cuve de queue, on verse l'eau dans le vase n° 2 et c'est dans le n° 1 que la piquette vient s'achever. Et ainsi de suite successivement pour tous les récipients de la batterie.

UTILISATION DES RÉSIDUS

Les résidus de la fabrication des piquettes peuvent servir à la nourriture des animaux et en particulier des moutons.

Quant à ceux qui restent après la distillation, comme ils sont très riches en matières minérales et surtout en potasse, on devra, suivant le principe de restitution, les renvoyer aux vignes. Ils forment d'ailleurs un engrais excellent, surtout si on a soin d'en faire un compost en les mélangeant avec de la terre et en les arrosant avec du purin pour en hâter la décomposition.

CHAPITRE IV.

La cave. — Eufûtage. — Ouillages. — Soutirages. — Collage et soins divers. — Mise en bouteilles.

N'attendez pas que nous fassions ici la description d'une cave. Tout le monde sait que pour être bonne elle doit être fraîche, bien que le vin s'y fasse plus lentement, par contre, il sera moins sujet aux accidents provoqués par les variations de température. Celui qui installe une cave neuve doit, pour plus de commodité, la placer au-dessous ou tout à côté du cuvage. Que les abords en soient faciles, le sol bien uni et garni de chantiers (marchons du Beaujolais) placés parfaitement d'aplomb et de telle manière que les tonneaux soient maintenus à une hauteur suffisante. Quant à l'aération elle doit s'opérer par des soupiraux ouvrant au nord, autant que possible, et qu'on puisse fermer, en tous cas hermétiquement, quand besoin est.

ENFUTAGE.

Il se fait dans des foudres de toutes capacités et aussi dans des tonneaux dont le nom et la grandeur varient suivant les localités.

Tous ces vases vinaires sont neufs ou vieux au moment où on les emploie ; dans l'un et l'autre cas on doit s'assurer qu'ils sont parfaitement étanches. A cette fin, on devra les mouiller quelques jours avant de tirer le vin, même se servir d'eau chaude si le bois est très sec, enfin les rincer plusieurs fois à l'eau froide, et, lorsqu'ils sont propres, les placer à la cave, enlever *la bonde*, en un mot, les bien disposer à recevoir le vin. Si les fûts ayant déjà servi exhalaient une mauvaise odeur, on ajouterait à l'eau du premier rinçage un peu d'acide sulfurique ou même de chaux.

Tout étant prêt, le vin est versé à l'aide d'un entonnoir; on commence par le vin de tire, en s'arrangeant de façon à ce que chaque fût en contienne la même quantité, puis on achèvera de remplir avec le vin provenant du pressurage, car le mélange des deux est ordinairement nécessaire ; chacun apporte son contingent utile, et le vin de pressurage est indispensable au point de vue de la couleur et aussi de la conservation.

Ici encore, chaque contrée procède d'une manière différente et, pour ce motif, nous n'entrerons pas dans de plus grands détails, indiquant seulement les procédés suivis le plus généralement. En Beaujolais nous estimons qu'une cuvaison bien faite de notre Gamay produit environ 2/3 de vin de tire et 1/3 de vin de pressurage, dit aussi de broute.

OUILLAGES.

Les tonneaux étant pleins, il faut bien se garder de les boucher immédiatement ; rien ne résisterait à la force d'expansion des gaz produits par la fermentation, laquelle est loin d'être terminée. Un peu d'écume s'échappera par la bonde, mais cette écume n'est certainement pas du vin, et la petite quantité qui ne sera pas expulsée deviendra simplement lie.

Bien qu'ils ne soient pas bouchés, il faudra souvent remplir les vases vinaires : deux fois par semaine au début, puis une fois, puis de quinzaine en quinzaine, puis tous les mois, et ainsi de suite, en espaçant ces opérations de plus en plus, à mesure que le déchet devient moins sensible. C'est ce qu'on appelle *ouiller* le vin. L'essentiel est d'empêcher la formation à la surface de cette matière blanche appelée *fleur* du vin; elle ne se développe que dans les fûts incomplètement remplis et mal bouchés.

Disons de suite qu'aussitôt la fermentation devenue moins tumultueuse on devra boucher, non pas avec le bondon plein ordinaire qui fermerait trop hermétiquement, mais avec des bondons spéciaux plus ou moins perfectionnés, nous ne ferons de réclame à aucun, ou plus simplement avec une feuille de vigne recouverte d'une poignée de sable fin bien tassé. Ce n'est que six semaines environ après l'enfûtage qu'on pourra recourir au bondon définitif. Encore faudra-t-il, pendant quelque temps, ne boucher qu'imparfaitement, par prudence d'abord, et aussi pour rendre plus faciles les ouillages successifs que nous avons recommandés.

SOUTIRAGES.

On sait en quoi consiste cette opération qui exige beaucoup de soins, ses conséquences ayant une grande influence sur la santé du vin, par conséquent sur la qualité. Soutirer c'est séparer le liquide clair de la lie. Pour le faire dans les meilleures conditions, on doit, autant que possible, choisir un temps sec et froid ; une belle journée de vent du nord, par exemple, nous ne disons pas de mistral soufflant en tempête.

Le premier soutirage doit se faire en février ou mars, le second à l'automne, et nous conseillons de traiter ainsi les vins de bonne qualité pendant deux ou trois années. Un seul soutirage suffira pour les vins vieux.

En revanche, et nous croyons donner ici un conseil des plus utiles : nous engageons beaucoup le vigneron qui constatera dans ses vins jeunes quelque trace de fermentation à ne pas hésiter à multiplier les soutirages, autant que besoin sera. Par le temps de jeunes vignes, conséquemment de vins peu alcooliques et très délicats, qui court, il nous est arrivé de maintenir ainsi, en bon état, notre cave entière, alors que nos voisins regrettaient de s'en être tenus aux deux soutirages réglementaires.

Le vin tiré bien clair est versé dans un autre tonneau parfaitement en état, cela va sans dire. Il est d'usage presque partout de brûler dans ce fût bien rincé et avant de l'emplir à nouveau, un petit morceau de mèche soufrée suspendu vers le milieu du vase à l'aide d'un fil de fer. L'acide sulfureux produit par la combustion possède, on le sait, la propriété de détruire tous les ferments; l'employer pourtant à petite dose, car le soufre décolore aussi, puis il communique un goût au liquide. Disons à ce propos qu'il faut retirer la mèche avant qu'elle ne soit complètement brûlée, en tous cas éviter absolument qu'elle ne tombe dans le fût.

COLLAGE ET SOINS DIVERS.

Si clair que soit le vin soutiré, on ne peut songer à le mettre en bouteilles sans le clarifier autant que possible, sans le *coller*. Du reste, sera-t-il toujours bien clair, surtout après la première opération ? La lie se sépare mal quelquefois, le vin demeure ce qu'on appelle *louche*, en ce cas encore il faudra le coller.

Toutes les colles ont pour mission de précipiter, en se déposant, les matières en suspension dans le liquide. Elles ont généralement pour base la gélatine ou l'albumine. Aussi conseillerons-nous surtout le blanc d'œuf, albumine pure, à la dose moyenne de deux blancs d'œuf par hectolitre. On emploie aussi le lait, le sang desséché, bases principales des poudres usitées dans le commerce. Ces poudres agissent très promptement en général, nous avouons pourtant leur préférer le blanc d'œuf; serait-ce parce que nous sommes certains qu'il ne contient aucun colorant?

Quelle que soit la matière employée, on la mélange le plus intimement possible avec un litre environ du vin que l'on veut coller, on *bat* même légèrement les blancs d'œufs puis on retire quelques litres du vase sur lequel on opère, pour faire place suffisante à la colle. Celle-ci est introduite par la bonde, on agite fortement, et en tous sens, le vin que contient le fût à l'aide d'un bâton pendant quelques minutes. Enfin on remplit avec le vin précédemment tiré, on rebouche convenablement, et quinze jours au moins après cette opération, un mois ou même plus, si la cave est fraîche, on procède à la

MISE EN BOUTEILLES.

Nous voudrions la voir toujours effectuer par le maître de maison lui-même, surtout s'il s'agit d'un grand crû. C'est en effet une opération que l'on ne peut confier à tout le monde;

il faut bien choisir les bouteilles, cela va sans dire, celles cuites au bois sont les meilleures, mais leur prix est plus élevé ; qu'elles soient absolument propres et n'aient jamais contenu que du vin. Que les bouchons, de première qualité, ne révèlent aucune mauvaise odeur, les vérifier un à un. Ah! les bouchons! Que de sensations désagréables notre palais leur doit! Dire ce que nous envions les Bordelais, à cet égard seulement, bien entendu, car nous ne leur reconnaissons pas le monopole absolu des bons vins, mais nous leur accordons avec plaisir le génie de savoir les soigner.

Donc de bonnes bouteilles, de bons bouchons qu'on couvrira d'une jolie coiffure de bonne cire ou goudron. Tant de gens ne jugent que sur la tournure ou l'habit! Essayez plutôt de servir le meilleur Bourgogne dans un vulgaire verre à boire, ou au contraire faites à votre vin ordinaire l'honneur d'un élégant gobelet de cristal!

Toutes ces précautions prises, choisissez bien encore l'appartement de ces précieuses bouteilles. Que la cave où vous les placerez soit privée d'air autant que possible, bien fraîche et bien saine cependant. Ne la désigne-t-on pas partout sous le nom de caveau des maîtres?

Et quand nous aurons dit, ce que nous aurions dû faire plus tôt, que le vin destiné à être conservé ne doit être mis en bouteilles que lorsqu'il n'a plus rien à gagner en tonneau, nous croirons avoir été de quelqu'utilité à ceux qui ont le souci d'offrir un verre de bon vin, attention délicate qui n'est point à dédaigner.

CHAPITRE V

**Maladies des Vins. — Remèdes.
Chauffage des vins.**

Tout le monde sait que le vin ne va pas se conserver tel que nous l'avons mis dans les tonneaux; il se modifie, prend du bouquet, se parfume; en un mot il vieillit jusqu'au moment où il sera arrivé au degré de perfection voulue pour le buveur. Avant ce jour si désiré, bien des accidents peuvent survenir, et au lieu de s'améliorer, le vin peut subir des modifications malheureuses, qui finissent par le rendre imbuvable. Ces altérations ont reçu, selon leur nature, des noms spéciaux; dans leur ensemble on les appelle *maladies des vins*. Nous allons examiner chacune d'elles en particulier et nous tâcherons d'indiquer les meilleurs moyens pour les éviter et au besoin pour les guérir. Disons tout de suite que, d'une manière générale, ces maladies ne peuvent être guéries qu'à leur début. Toutes les fois qu'un vin est gravement atteint, il est inutile de songer à y remédier : on perdrait probablement son temps et ses peines. Il vaut mieux, dans ces cas extrêmes, soit le distiller pour en extraire l'alcool, soit le transformer en vinaigre en cas d'acescence.

FLEUR.

Qui ne connaît ces petites efflorescences blanchâtres, à peine rosées qui se produisent à la surface des vins et surtout des vins jeunes qu'on laisse exposés à l'air ? Elles sont formées par l'agglomération de ferments qui vivent aux dépens de l'alcool du vin et le brûlent complètement au contact de l'air. Leur effet est donc de rendre les vins plats et de leur communiquer un goût d'*évent*. En somme cette maladie est peu dangereuse par elle-même, mais comme elle vit ordinairement en compagnie de l'acescence, qui est beaucoup plus grave, il faut l'éviter avec soin et pour cela le moyen est très simple : il consiste à empêcher l'accès de l'air dans les tonneaux en les tenant toujours bien remplis et bouchés. Si les fleurs existent sur un vin, il suffira de remplir exactement le tonneau et de faire déborder les efflorescences qui viendront surnager à la surface.

ACESCENCE.

Cette maladie, encore appelée *maladie de l'aigre, goût d'aigre, acétification,* se développe comme la précédente, au contact de l'air, et, comme elle, est également produite par un ferment microscopique. Ce ferment appelé *ferment acétique*, bien connu des personnes qui font du vinaigre, forme le *voîle* ou *mère du vinaigre* qui existe toujours à la surface des liquides en train d'aigrir.

Lorsque l'acescence est très développée, elle rend les vins imbuvables, et il ne reste plus que la ressource de les transformer en vinaigre. Aussi, il vaut mieux ne pas avoir à essayer de la guérir; pour cela il faut tenir toujours les tonneaux bien exactement remplis en ouillant aussi souvent que cela est nécessaire.

L'aigre sévit de préférence sur les vins faibles, peu alcooliques, et il est très à craindre dans les caves chaudes; au contraire une cave bien fraîche et un vin bien corsé sont défavorables à son développement.

Aussitôt que l'on s'aperçoit que l'acescence commence à envahir un tonneau en vidange, il faut pratiquer un fort méchage au soufre. Si le vin a déjà contracté le goût d'aigre, on peut l'atténuer en le noyant dans une grande quantité d'autre vin, mais alors il faut le consommer immédiatement. On peut aussi neutraliser l'aigreur en employant la chaux, la craie, la potasse en solution, ou même le savon. On devra toujours, avant d'ajouter ces substances au vin, déterminer la quantité la plus convenable en opérant sur une petite quantité de vin aigri (un litre par exemple) auquel on ajoute peu à peu la matière qui doit saturer l'acidité. Par des dégustations successives, on juge du moment où il convient de s'arrêter. Il est à remarquer, lorsqu'on emploie le savon (qui est formé d'une combinaison d'acides gras avec une base, potasse ou soude) qu'il est décomposé; les acides gras viennent surnager, ce qui protège le vin, dans une certaine mesure, du contact de l'air.

AMERTUME.

Cette maladie attaque surtout les vins fins et particulièrement les vins de Bourgogne.

Comme les précédentes, elle est due à un ferment organisé, mais qui diffère de celui de la fleur et du ferment acétique, en ce qu'il vit au sein du liquide et que le contact de l'air ne lui est pas nécessaire. Sous son influence, le vin prend d'abord un goût fade, bientôt il devient amer. Il semble que l'on ait affaire à des vins de quinquina. Puis enfin la matière colorante se décompose et l'altération est complète.

La pauvreté du vin en alcool et en acides est une des causes favorables au développement de l'amertume. Dès le début, on peut l'arrêter par le chauffage. On pratique ensuite un collage on vine à 2 °/₀ et on ajoute 10 grammes de tannin par hectolitre. Dans certaines contrées, on se trouve bien de faire refermenter le vin à nouveau en y ajoutant par hectolitre : sucre 3 à 4 kil, glycérine 600 grammes, tannin 10 gr. puis du ferment pris dans les dépôts de vin non soutiré. Quand on aura le choix, on devra préférer le dépôt des vins blancs. Enfin on place le vin dans une pièce où il soit possible de maintenir une température de 20° environ et il ne reste plus qu'à soutirer dans un tonneau bien propre quand cette nouvelle fermentation est terminée.

TOURNE.

Due comme la précédente maladie à l'action d'un ferment qui vit sans le contact de l'air, elle se produit le plus ordinairement à la suite de l'introduction dans la cuve de vendanges altérées. C'est au moment des chaleurs, quelquefois aussitôt après les vendanges, qu'elle se manifeste. Elle décompose le vin qui se trouble, devient *louche*, prend un goût excessivement désagréable.

Aussi, quand on a de la vendange gâtée, il vaut mieux faire du vin blanc en ajoutant au moût une certaine quantité de lie pour en provoquer la fermentation.

On peut arrêter cette maladie, quand elle commence à se développer, par un chauffage suivi d'un bon collage. On fera bien aussi de viner à 2 ou 3 % et d'ajouter environ 10 gr. de tannin par hectolitre.

POUSSE.

Cette maladie est à peu près identique à la précédente; mais avec cette différence qu'elle produit un grand dégagement de gaz qui, si le fût est bien bouché, fait gonfler les douves et suinter le liquide au dehors sous la pression qu'il produit.

Les vins qui ont mal cuvé, dans lesquels tout le sucre n'a pas complètement fermenté, sont sujets à cette affection. Une bonne fermentation poussée à fond la prévient ordinairement. Quand elle est peu grave on dit que le vin travaille et elle cesse souvent spontanément.

Les mêmes moyens qu'on recommande pour traiter la maladie précédente peuvent être employés contre elle. On peut aussi, au moment de la vendange, faire passer le vin sur le marc après décuvage et provoquer une nouvelle fermentation par une addition de sucre.

GRAISSE.

La maladie de la graisse n'attaque que les vins blancs pauvres en tannin; ceux-ci prennent un aspect filant, huileux, qui se détruit par l'agitation mais pour revenir ensuite.

Une petite quantité de tannin suffira souvent pour prévenir cette maladie. Au début, on pourra la guérir en chauffant le vin et en y ajoutant ensuite 10 à 12 grammes de tannin par hectolitre.

Plus tard, il ne reste plus qu'à distiller le vin pour en retirer l'alcool.

GOUT DE MOISI.

Enfin, pour terminer, disons quelques mots des mauvais goûts que prennent souvent les vins par suite de l'entretien défectueux des tonneaux dans lesquels on les renferme.

Pas n'est besoin de dire que les bons soins (lavages, méchages,) donnés aux futailles en vidange, préviendront toujours ces accidents.

Cependant, si on avait mis du vin dans un mauvais fût et qu'il y ait contracté un goût de moisi, de fût, etc., il faudrait, aussitôt qu'on s'apercevrait de cet accident, transvaser le vin dans un tonneau bien propre. On y verse ensuite 1/2 litre d'huile d'olive par hectolitre de vin et on agite violemment pendant quelques minutes. On laisse ensuite reposer. L'huile remonte à la surface entraînant avec elle les mauvais goûts.

Si le vin n'est pas encore acceptable, on pourra essayer de provoquer dans le vin une nouvelle fermentation comme nous l'avons vu précédemment.

CHAUFFAGE DES VINS.

Pour la plupart des maladies que nous venons d'étudier, nous avons indiqué le chauffage comme moyen de les guérir. Aussi croyons-nous devoir terminer par quelques mots sur la manière de pratiquer cette opération, et sur les effets qu'elle produit sur le vin.

Le chauffage des vins a uniquement pour but de tuer, par la chaleur, les germes qui sont cause de leur altération. Or, notre grand savant, M. Pasteur, qui, le premier a reconnu la nature parasitaire de toutes ces maladies, a dit qu'il fallait, pour que ce but soit atteint, que le vin reste soumis pendant 4 à 5 minutes à une température de 60° environ.

Mais si on porte du vin à cette température à l'air libre, une partie de l'alcool s'évapore, les oxydations sont très vives et le vin est finalement détérioré. Même en vase clos, les oxydations et les transformations chimiques, qui se produisent très lentement dans le vin à une température ordinaire, ont lieu avec une très grande énergie; une partie de la matière colorante est décomposée, le vin prend une teinte plus ou moins orangée, les éthers qui donnent le bouquet se développent; en un mot l'effet du chauffage est de vieillir considérablement le vin qui le subit.

Il est donc nécessaire de chauffer le vin en vases parfaitement clos, puis, lorsqu'il est resté le temps nécessaire à la température voulue, de le refroidir aussi vite que possible.

Pour que ce résultat soit obtenu, nous conseillerons de mettre dans des bouteilles bien bouchées. Celles-ci seront placées dans des paniers qu'on plongera pendant quelque temps dans un vase contenant de l'eau à 60°. Puis les paniers seront retirés vivement et plongés dans un baquet d'eau froide.

Ce moyen est inapplicable lorsqu'on a de grandes quantités à traiter, en ce cas, on peut se servir d'appareils *ad hoc*, dit continus, qu'un grand nombre de constructeurs ont imaginés, et dans lesquels le vin entre d'un côté, sort de l'autre, après s'être successivement chauffé et refroidi dans son parcours, en traversant divers serpentins.

CINQUIÈME PARTIE

MALADIES DE LA VIGNE. — MOYENS DE LES COMBATTRE.
FLÉAUX NATURELS. — FLÉAUX ADVENTIFS : PARASITES.

CHAPITRE I

**Gelées. — Grêle (un mot des Cies d'Assurances).
Coulure et Millerandage. — Chlorose. — Folletage.
Rougeot. — Pourriture. — Vents violents.**

Comme tout être vivant, la vigne est exposée aux accidents et aux maladies. Tous les propriétaires, tous les vignerons diront même que parmi les végétaux aucun n'est à cet égard plus mal partagé que l'arbuste qui nous occupe. Elle est longue, la liste des maux de tous genres qui fondent sur ces pauvres ceps. Nous consacrons les quatre chapitres de cette cinquième partie à les examiner d'une façon bien insuffisante peut-être, moins insuffisante cependant, hélas! que les remèdes indiqués pour la guérison de maints fléaux.

Etudions successivement les accidents dûs aux intempéries, puis ceux causés par les parasites végétaux et enfin ceux dont la responsabilité remonte aux parasites animaux, infiniment petits bien souvent. Munissons-nous d'abord de patience, puis de persévérance, c'est ici qu'il faut veiller et lutter sans relâche.

GELÉE.

Un des acteurs les plus terribles dans ce cortège de misères, car la vigne peut geler pendant l'hiver, au printemps et à l'automne.

Gelées d'hiver. — Si celles-là comptent peu dans la région méridionale, il n'en est pas de même dans la nôtre. Sans remonter au déluge, nous avons eu deux fois, depuis moins de vingt ans, hivers 1869-70 et 1879-80, nos malheureux ceps détruits dans des proportions effrayantes, le thermomètre étant descendu à 18 degrés et même davantage et l'abaissement de la température s'étant produit durant une longue période, alors que la terre très humide n'était nullement recouverte de neige. 1879-80 est encore qualifié par nos paysans d'hiver terrible : l'automne avait été extraordinairement pluvieux, le thermomètre descendit subitement à 12 ou 15 degrés au-dessous de zéro et s'y maintint jusqu'au milieu de février. Le sol perméable se transforma en un véritable bloc de glace et les racines refusèrent de dégeler; si au moins le phylloxera en avait fait autant!

Rien à faire contre pareilles intempéries, tâcher seulement d'assainir le plus possible, de se débarrasser de l'eau à tous prix. Le buttage des ceps est aussi à recommander; les rangées placées le long de nos fossés ou rases beaujolaises résistent moins aux grands froids que celles plus éloignées du drainage; il est vrai que leurs racines sont presque à nu.

Si par malheur le mal est tel que beaucoup de souches ne revêtent plus au printemps leur verte parure, nous dirons nettement : arrachez sans hésitation. Nous ne nions pas que l'on puisse recéper, surtout greffer lorsque le désastre n'est pas complet, mais nous ne pouvons nous empêcher de songer aux nombreux propriétaires qui se sont ruinés en attendant pendant neuf ans la résurrection de leurs vignes. Ceux, au contraire, qui ont arraché avec ensemble pour replanter de belles greffes, font aujourd'hui de plantureuses récoltes.

Gelées de printemps. — Redoutables sous toutes les latitudes, aussi bien sur les bords de la Méditerranée que dans la Bourgogne, la Touraine et la Champagne. Les unes, dites *gelées noires* ou gelées à glace, sont dues à un abaissement général de la température, le thermomètre descendant subitement à un ou plusieurs degrés au-dessous de zéro. Les autres, dites *gelées blanches*, sont causées par le *rayonnement* nocturne se produisant pendant les nuits claires. A ce moment, si les bourgeons, à peine développés, se recouvrent de givre, c'en est fait, les jeunes pousses se faneront au soleil levant, la récolte de l'année est perdue. Chose inexpliquée par les savants, qui en expliquent tant cependant, ces accidents se produisent assez régulièrement à certains jours de la fin d'avril ou du commencement de mai désignés dans les campagnes sous le nom de saints de glace ; le plus redouté est Saint Georges, 23 avril.

On a conseillé bien des préservatifs, tous consistent à tâcher d'intercepter le rayonnement dont nous avons parlé. Tantôt on garantit le cep par un léger paillasson fabriqué à aussi bas prix que possible, système champenois; même on se contente d'une feuille de carton, voire de simple papier; plus primitivement encore on dispose quelques brins de genêt ou de paille piqués dans le sol en forme d'éventail, système bourguignon. Le plus pratique consiste à créer un nuage artificiel à quelques mètres au-dessus des souches en brûlant des tas de paille humide ou même de feuilles disposées à cet effet.

Les vignerons du Bordelais, dont nous avons déjà signalé les excellentes pratiques culturales, produisent plus sûrement encore ces fumées bienfaisantes en brûlant des huiles lourdes de goudron ou du coaltar. Tout récemment, ils ont eu la bonne idée de recourir à l'électricité; un mécanisme ingénieux prévient à la fois le veilleur et enflamme les matières contenues dans des godets placés à cet effet (1).

On conseille encore d'enterrer un sarment ou de l'introduire pour un temps dans un tuyau de drainage que l'on supprime aussitôt les chances de gelée disparues. Ce dernier système,

---

(1) Consulter à cet égard les ouvrages spéciaux ou le *Journal d'Agriculture pratique* 1884, page 557.

comme celui des paillassons du reste, nous semble peu pratique dans de grandes exploitations. Nous conseillerons de préférence une modification de la taille qui consiste à laisser subsister un sarment d'assez grande longueur, dont les bourgeons terminaux gèleront moins facilement que ceux placés rez du sol; un coup de sécateur le supprimera bien vite, si la souche elle-même a été épargnée.

Les vignes plantées en plaine, surtout en sol humide, sont beaucoup plus exposées aux gelées blanches que celles de coteau.

Rassurons ici ceux qui redoutent pour les ceps greffés ces terribles intempéries du printemps. On ne cesse de répéter que là est l'obstacle le plus grand qui doive nous faire réfléchir. Eh bien ! le 23 mai 1883 et fin avril 1885 et 1886, nos vignes ont subi de désastreuses gelées blanches, même noires : les greffes plus vigoureuses ont mieux résisté que les autres et celles dont les bourgeons avaient été détruits ont parfaitement repoussé, tout aussi bien que les souches non greffées, beaucoup mieux même, toujours grâce à la grande puissance de la végétation.

Gelées d'automne. — Il arrive quelquefois,

au mois d'octobre, nous l'avons vu en 1887 et 1888, que le thermomètre descend subitement à plusieurs degrés au-dessous de zéro. Si la vendange n'est pas faite, le raisin flétrit et perd de ses qualités. Chose plus grave, le bois non encore aoûté est atteint à son tour, il se dessèche, ne donnera plus de boutures bonnes à utiliser, la souche même ne se trouvera guère bien de l'arrêt brusque apporté à la circulation de la sève.

Encore une raison pour engager les vignerons des contrées froides à remplacer leurs cépages tardifs par de bonnes espèces hâtives.

GRÊLE.

Inutile, n'est-ce pas, de décrire autrement qu'en le nommant ce redoutable fléau, qui cause tant de ruines, notamment dans la région que nous habitons.

Et dire qu'il est impossible de s'en préserver, autrement qu'en songeant sérieusement à reboiser les cîmes dénudées de nos montagnes. . Là serait en effet, sinon le salut, du moins un dérivatif à ces horribles nuages que nous redoutons tant durant l'été. Si notre faible voix pouvait arriver jusqu'aux hautes sphères administratives et obtenir un encouragement quelconque pour les planteurs de ces bois destinés à attirer et retenir les trombes d'eau et de grêle si nuisibles aux récoltes des bas coteaux et des plaines! Dire que quelques minutes suffisent pour anéantir une récolte et compromettre les espérances pour l'année qui suivra!

UN MOT DES COMPAGNIES D'ASSURANCES.

S'assurer est le seul palliatif aux désastres produits par la grêle. Le remède est-il pratique ou même suffisant?

Lorsqu'il existait des Compagnies à primes fixes, le propriétaire, favorisé des dons de la fortune, pouvait y recourir, moyennant une taxe, parfois considérable, elle variait pour la vigne entre 6 et 18 % de l'évaluation de la récolte; on retirait, en cas de sinistre, ce que Messieurs les experts voulaient bien vous accorder. Bien entendu sous déduction des deux vingtièmes que la Compagnie commençait par s'attribuer, et aussi de tous autres frais, etc., etc.; cela après maintes discussions.

Aujourd'hui nous n'avons plus de Compagnies à primes fixes pour assurer nos vignes, il ne nous reste que les *Mutuelles*, et, avec elles, si nous grêlons, il nous faudra, en plus des taxes sus-indiquées, nous contenter parfois de recevoir 90, 80, 70 % seulement, peut-être, de l'indemnité à laquelle on nous aura reconnu droit; cela dépendra du nombre des sinistrés de l'année.

Il est vrai que le solde restant dû sera garanti par une promesse de la Compagnie, mais qu'arriverait-il si on résiliait après le sinistre ?

Malgré cela nous avouons être client d'une Mutuelle; il est vrai que c'est tout juste pour somme suffisante à couvrir à peu près les frais de notre exploitation !

Il n'y a plus pour les vignerons d'autre ressource; les Compagnies à primes fixes se sont assez ruinées pour renoncer absolument à garantir les risques de grêle.

Comment cela se peut-il, nous dira-t-on, puisqu'il faisait si cher s'assurer? Les annuités n'étaient donc pas encore assez élevées ?

Halte-là ! On a commis, à notre avis, bien des erreurs dès le début. Les créateurs de Compagnies auraient dû prévoir :

1° Qu'il y a une différence considérable entre garantir une forêt, par exemple, pour laquelle la chute de grêlons est presque sans importance, une terre de céréales, dont la récolte est ordinairement engrangée lorsqu arrive la saison des orages, et une vigne exposée toute l'année à la chute des grêlons.

Conséquences : frapper d'une prime très faible les bois et les terres, ce qui augmenterait le nombre des assurés, et faire payer cher les vignes, mais en observant que dans une même localité il y a de grandes différences entre les dangers à courir. Telle commune voit grêler huit fois sur dix une portion de son petit territoire et deux fois seulement les parcelles placées à certaines expositions.

2º Qu'il ne faut pas, en affaires, se fier trop à la bonne foi. La Compagnie ne vérifie pas, lors de la déclaration, la quantité de vendange probable et nous avons vu certaines personnes dont le peu de délicatesse, mettons les illusions, ont été payées de sommes équivalentes au double ou triple de ce qu'aurait produit la vigne.

A bon entendeur, salut !

L'assureur devrait d'abord vérifier ce que peut valoir la récolte déclarée.

3º Qu'il serait indispensable de procéder à l'expertise immédiatement après le sinistre.

La raison en est bien simple. Il est déjà très difficile d'évaluer le dommage, surtout s'il est partiel, on s'en rapporte alors aux voisins, mais eux aussi sont grêlés, et peut-être assurés !

4° Que les Compagnies doivent se méfier beaucoup des agents trop actifs et influents.

Ceci a l'air d'un paradoxe, mais un courtier, qui assurera tout un canton, courra risque de ruiner la Compagnie. La production d'un hectare de belles vignes ne surpasse-t-elle pas souvent celle d'une étendue dix fois plus grande de céréales ?

On peut, il est vrai, fixer un chiffre maximum d'assurances pour chaque canton, chaque commune, mais quelle que soit cette somme, ne pourra-t-elle pas représenter ici la totalité, et là le quart ou même une portion plus faible des vignes existant dans une localité donnée ? Et si un propriétaire absorbe dans une commune le chiffre autorisé, à qui s'assureront les autres ?

Non, à notre avis, ces questions n'ont pas été suffisamment étudiées. Nous savons bien qu'un espace restreint complanté de vignes représente une valeur si importante et si exposée à être sinistrée d'un seul coup, que le risque est considérable, mais nous ne pensons pas que ce soit là une raison d'augmenter indéfiniment le chiffre de la prime. Comment font donc les Compagnies qui assurent, relativement à bas prix, un navire dont le volume est si petit et dont les flancs renferment une cargaison de valeur équivalente à celle d'un vignoble de plusieurs centaines d'hectares ?

Ce qu'elles font : elles imitent les Compagnies incendie et se partagent le risque aussi bien que la prime reçue, en un mot elles s'entendent pour le plus grand bien des armateurs.... et peut-être aussi de leurs actionnaires.

Et ceci nous amène à une conclusion que nous voudrions voir méditer dans l'intérêt général :

Créer en France un certain nombre d'associations, une par exemple, par région agricole, qui assurent à primes fixes et s'entendent pour le partage des risques et des profits.

Subsidiairement, comme on dit au Palais, demander une loi qui force chacun à s'assurer chez le percepteur, par exemple, comme s'il s'agissait d'impositions. Ce moyen n'est pas le meilleur, nous le savons, nous voudrions bien que l'Etat se mêlât le moins possible de nos affaires, mais enfin nous cherchons ; nous serions heureux que quelqu'un trouvât mieux.

COULURE ET MILLERANDAGE

La coulure peut résulter :

1° Des intempéries, telles qu'abaissement sensible de la température, vents violents et très froids, etc., soit au moment du développement des bourgeons, soit à l'époque de la floraison.

2° D'une constitution anormale de la fleur.
3° D'une végétation trop luxuriante.

Si la coulure provient de la constitution vicieuse de la fleur, quelques variétés, telles que le Chasselas coulard et beaucoup de raisins blancs coulent à peu près généralement, le remède est facile, il suffit de bien sélectionner les boutures que l'on plante. Quant au vice résultant de la vigueur trop grande de la végétation, il sera possible d'y remédier en s'opposant, par une taille plus longue, un arceau au besoin, au développement exubérant des pampres.

Si au contraire la coulure est due aux intempéries, on recommande dans le Midi de procéder au soufrage avant la floraison, et, sous notre latitude, de pratiquer l'incision annulaire qui consiste à enlever un petit anneau d'écorce du sarment dans la partie située immédiatement en dessous de la grappe (1). On fera bien aussi de pincer les sarments portant fruits et même d'écimer la grappe.

Le *Millerandage* n'est autre chose qu'un avortement d'une portion des grains. La grappe ayant coulé, les fleurs, dont la fécondation s'est faite imparfaitement, ne développeront plus régulièrement leur baie, celle-ci restera petite, n'arrivera pas toujours à maturité complète ou demeurera parfois tout-à-fait verte.

Est-il besoin de dire que les moyens de combattre le *millerandage* sont les mêmes que ceux employés contre la coulure (2).

Et, pour terminer, un diplôme d'honneur à décerner aux vignes greffées. Il est indiscutable qu'elles sont peu sujettes à couler, nous

---

(1) Les lecteurs désireux de se renseigner à cet égard pourront consulter avec fruit l'intéressante brochure de M. le comte de Follenay, parue récemment : *Application pratique de l'Incision annulaire*, Librairie du *Progrès Agricole*.

(2) Consulter à ce sujet les ouvrages déjà cités : l'*Art de Greffer*, de M. Baltet ; le *Cours de Viticulture*, de M. Foëx ; *Instruction sur la Reconstitution des Vignobles*, de M. Rougier.

ne l'apprendrons pas à tous les greffeurs de la première heure. Qui ne connaît ce beau raisin blanc à graines grosses comme des prunes mirabelles : le Chasselas Napoléon, appelé aussi Bicane, Olivette blanche et connu par erreur, chez les maraîchers, sous le nom de raisin de Calabre? Aucun cépage n'est plus sujet à la coulure et au millerandage, nous en avons plusieurs greffes assez anciennes, qui produisent des grappes rivalisant souvent avec celles du pays de Chanaan.

CHLOROSE

Certains se déclarent humiliés de ce que les animaux sont sujets aux mêmes maladies que l'homme ; que diront-ils donc si on leur montre un simple végétal atteint de cette terrible *chlorose*, désespoir de bien des mères de famille ?

Il vous est arrivé souvent, nous en avons la certitude, de voir tout-à-coup jaunir des pampres d'un beau vert. C'est ce qu'on appelle la Chlorose.

Quelles en sont les causes? Répondre n'est pas facile, notre table de travail est couverte d'ouvrages traitant la matière, ils sont signés des viticulteurs les plus illustres : MM. Foëx,

Sahut, Docteur Despetis, Ménudier, Millardet, Mme la duchesse de Fitz-James, etc., ont écrit sur ce sujet ; plus récemment notre ami, M. Emile Petit (1) en a fait une savante monographie.

Il y a plusieurs espèces de chlorose, celle de printemps et celle d'été, il y avait celle atteignant nos anciens ceps non greffés, laquelle soit dit en passant, ne se rencontrait en Beaujolais que dans les terrains rouges argilo-calcaires et jamais dans les sols granitiques. Il y a encore et surtout la chlorose des cépages greffés, principalement des Riparia, elle a fait et fait assez de bruit dans les régions Méditerranéennes où ce cépage domine. Il y a enfin......

Toutes ces chloroses ont certainement des causes diverses, notre cadre restreint ne nous permet pas d'entrer dans de longs détails, et puis comment pourrions-nous le faire alors que les savants spécialistes diffèrent constamment dans l'appréciation des remèdes à opposer au mal.

Contentons-nous donc de renvoyer aux ouvrages cités, constatons qu'un arrosage avec une solution de sulfate de fer a souvent produit

(1) *La Chlorose*. Bordeaux, Féret, éditeur 1888.

des résultats appréciables ; mentionnons enfin au passif de la greffe ce fait qu'elle semble favoriser la tendance à la chlorose, nous venons bien de constater qu'elle diminuait au contraire les chances de coulure.

Un mot même à ce sujet avant de terminer : l'adaptation du cépage au sol est certainement ici le facteur principal. Le Riparia, dont la soudure avec le Gamay ne vaut pas celle du Vialla, par exemple, se chlorose bien souvent dans la vallée de la Saône et le Vialla très rarement. Faut-il rappeler ici que la chlorose des vignes nouvelles a été cause de l'envoi de M. Pierre Viala en Amérique et que ce savant a constaté que dans les terrains fortement calcaires du Nouveau-Monde, le Riparia jaunissait tout comme dans les sols similaires de France, tandis que les Vitis Cinerea, Cordifolia et Berlandieri conservaient leur belle nuance verte.

C'est précisément l'un des principaux mobiles qui poussent ces pionniers de la science, dont nous parlions dans notre troisième partie, à rechercher le ou les hybrides, prospérant à souhait là où périt un cépage donné.

FOLLETAGE.

Dans le but probable de ne pas trop nous assimiler aux êtres inférieurs vivants on a donné à l'apoplexie de la vigne le nom de *folletage*. En juillet, août ou septembre, on constate subitement le décès d'une ou plusieurs souches au milieu d'autres bien portantes. Que faire ? Appeler le médecin. Non, mais bien un ouvrier armé d'une bêche ou d'une pioche et porter à sa dernière demeure, c'est-à-dire au bûcher, le cep défunt.

ROUGEOT.

Maladie qui tient à la fois de la chlorose et du folletage. En pleine végétation la feuille rougit, le raisin se flétrit et tombe même quelquefois, accompagné du sarment.

Comme on a remarqué que le rougeot sévit surtout dans les sols goutteux, principalement à la suite d'un orage, cause d'un abaissement de température, comme aussi la maladie n'entraîne pas fatalement la mort du sujet, on fera bien de drainer soigneusement et de tailler court les convalescents au printemps suivant.

POURRITURE.

Nous n'irions pas jusqu'à dire, comme nos paysans, que le Mildew et tous les Rots, dont nous parlerons bientôt, sont des noms nouveaux donnés à la pourriture du raisin, ce sont là causes de pourriture, mais il y en a d'autres, nous citerons notamment :

Les pluies de trop longue durée et le manque de chaleur à la veille des vendanges. Que faire en ce cas, sinon hâter la cueillette ?

Le peu de consistance de la pulpe de variétés données, ce qui en rend la culture chanceuse dans certains vignobles. En ce cas faire appel à des espèces plus rustiques ;

Les expositions défectueuses, soit que le sol contienne trop d'humidité, soit qu'on veuille s'obstiner à planter de la vigne le long d'une rivière ou au fond d'un vallon trop resserré. Il est incontestable que, dans nos vignobles du Centre, les coteaux exposés au midi doivent être choisis de préférence ; puis vient le levant, exposition donnant les meilleurs crus, mais un peu sujette aux gelées blanches ; le couchant suit ; enfin le nord, si recherché dans le Midi ou l'Algérie, arrive chez nous bon dernier.

VENTS VIOLENTS.

Et quand nous aurons ajouté que les vents violents peuvent occasionner des dégâts considérables, surtout s'ils sévissent alors que le rameau, de trop petite dimension, ne peut être attaché à l'échalas protecteur; que, par conséquent, il faut échalasser d'aussi bonne heure que possible et orienter ses lignes de ceps dans la direction la moins exposée, nous pourrons déclarer finie l'énumération des fléaux naturels, causes de tant d'insomnies pour le malheureux vigneron.

1. Feuille de Vigne Mildiousée *(vue en dessous)*.   2. Feuille Mildiousée & Anthracnosée *(vue*

AVANT LE TRAITEMENT

APRÈS LE TRAITEMENT
à la Rouillie Bordelaise

CHAPITRE II.

Parasites végétaux : Le Mildiou. — Les différents Rots.

LE MILDIOU OU MILDEW

Avant, ou après le phylloxera, le mildiou tient certainement le premier rang parmi les maladies qui préoccupent les viticulteurs depuis 1878, époque où il a été signalé pour la première fois en France. Qu'elle ravage les feuilles ou qu'elle s'attaque au raisin, la maladie a toujours pour cause un champignon, le *Peronospora viticola*.

Au printemps, le début de l'invasion sur les feuilles est indiqué à la face supérieure par une sorte de jaunissement, de décoloration, couleur lie de vin sur les teinturiers et hybrides Bouschet. La feuille, regardée par transparence, paraît plus claire dans la région attaquée. Peu de temps après, si le temps est humide, apparaissent à *la page inférieure* les fructifications blanches du champignon. Elles sont brillantes, d'un aspect cristallin, bien différentes de l'oïdium qui est gris terne, et ne dégagent pas comme celui-ci une odeur de moisi. En général, les taches commencent près des nervures. La feuille n'est jamais gaufrée, bullée à la face supérieure, comme cela se produit dans l'Erinose. Ce sont celles-là précisément que l'on confond avec le duvet de l'érinose et qui nous valent chaque année une avalanche de communications émanant de correspondants terrifiés par ces efflorescences. Leur frayeur est d'autant plus grande que généralement l'apparition de l'érinose a lieu au premier printemps, bien avant l'invasion du terrible Mildiou.

Répétons-le encore une fois : les taches blanches du mildiou ne sont jamais suivies ou accompagnées de boursouflures sur la face opposée, en outre, si l'on cherche, à l'aide de l'ongle, à enlever la tache, les fructifications du mildiou disparaîtront facilement, tandis que les poils de l'érinose sont beaucoup plus tenaces.

Les chromolitographies placées en tête du

présent chapitre donnent l'aspect général des feuilles atteintes par le mildiou, elles donnent également l'aspect d'une feuille avant et après le traitement à la bouillie bordelaise dont nous allons parler.

Si parfois, en voyant ces taches, vous avez quelques doutes, mettez les feuilles, le soir, dans une assiette avec un peu d'eau dans le fond en les couvrant à l'aide d'un verre renversé. Si c'est le mildiou, il est bien rare que vous ne trouviez pas, le lendemain matin, les fructifications qui le caractérisent si bien.

Le mal ayant fait son apparition dans la vigne, si l'humidité, pluie ou rosée, persiste, la tache s'agrandit, les premières parties atteintes se dessèchent, prennent la couleur feuille morte. Le vent du nord surtout arrête le développement du champignon, mais avec le retour de l'humidité, il reprend sa marche envahissante.

A l'état extrême, les feuilles desséchées tombent et le raisin non protégé mûrit mal, produit un moût peu sucré et un vin qui ne se conserve pas ou s'éclaircit difficilement.

La grappe peut être attaquée à tous ses états, jusqu'à la véraison. Lorsque le mildiou l'envahit avant ou pendant la floraison il produit la coulure. Plus tard, lorsque les grains sont encore jeunes, il émet, sur eux et sur les pédicelles, des fructifications blanches : c'est cette forme que les Américains appellent Gray-Rot ou Rot gris.

Lorsque le mal est signalé alors que le grain a acquis son volume définitif, la peau, qui paraît comme marbrée de petites taches brunâtres au début, finit par devenir complètement brune, la pulpe arrive à l'état déliquescent et le grain semble complètement pourri. D'autres fois le grain tombe, à peine atteint ou flétri; c'est ce que les Américains nomment Brown-Rot ou Rot-Brun. Comme il est facile de le confondre avec l'échaudage ou grillage, voici le moyen de le distinguer :

Dans l'échaudage, coup de soleil ou grillage, les raisins sont frappés *d'un seul côté*, la pulpe est altérée *seulement vers* la brûlure, la peau desséchée par le soleil *est soulevée* au-dessus de cette brûlure.

Au contraire, dans le mildiou du raisin, les grappes sont *frappées également* par le mal *sans distinction de côtés*, la pulpe est *toute altérée* surtout de la brûlure au pédicelle du grain, la peau est adhérente à la pulpe et *non soulevée*, enfin la brûlure a une *couleur rouge cuir*, bien différente de celle de l'altération produite par l'échaudage.

Il est reconnu aujourd'hui que, bien que le mal paraisse plus tard, à peu près au moment de la maturité, l'invasion de la grappe par le mildiou s'est faite à l'époque de la floraison ou peu après, alors que le raisin est encore *petit et vert*.

Cette observation a une grande importance : elle indique qu'on ne peut se défendre de cette forme du mildiou que par des traitements faits *assez tôt* et bien avant que le mal soit apparent.

Le mildiou attaque aussi parfois le pédoncule de la grappe, faisant ainsi flétrir et sécher tout ou partie du raisin. Nous avons vu cette année des raisins de Jacquez tomber tout entier à terre.

Les rameaux eux-mêmes sont attaqués par le peronospora et quelques atteintes annuelles successives peuvent amener la mort de la souche.

Il n'entre pas dans le cadre de cette publication de faire l'étude botanique du peronospora.

La gravure que nous donnons ci-après et qui représente l'aspect des fructifications blanches vues au microscope permettra de le reconnaître. Nous dirons toutefois que le champignon parasite pénètre par le dessus de la feuille, envahit d'abord l'intérieur et qu'il

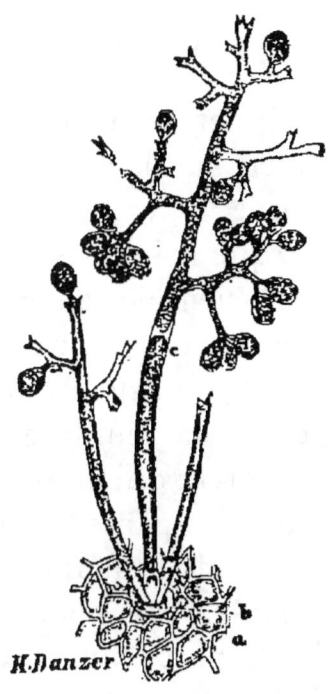

Fig. 62. Fructifications du Mildiou (fortement grossies).

s'écoule de six à dix jours, et parfois plus, avant qu'on aperçoive ses manifestations extérieures: les fructifications blanches du dessous. C'est cette période, pendant laquelle le mal existe, bien que non visible, qui a fait douter souvent de l'efficacité du sulfate de cuivre : on voyait apparaître le mal de suite ou quelques jours après le traitement.

LE TRAITEMENT.

Pour se développer, la semence du champignon doit trouver sur la feuille de l'eau de pluie ou de la rosée. Si cette eau contient du cuivre, si petites que soient les traces, les semences, ou plus scientifiquement les spores, ont leur vitalité détruite et ne peuvent germer. Le traitement consiste donc à déposer préventivement sur la feuille et les organes verts des sels de cuivre qui empêcheront cette germination. Quand le parasite a pénétré dans l'intérieur des tissus de la feuille, il est absolument inattaquable, car pour l'atteindre il faudrait détruire le parenchyme lui-même.

La plupart des viticulteurs ont une tendance à trop tarder, bien que chaque année on puisse remarquer une grande différence entre les vignes traitées les premières, et celles traitées en dernier. Nous conseillons de faire une première application de sulfate dès que les pousses ont atteint une longueur de douze à quinze centimètres. Observons aussi que ce traitement s'effectue très rapidement à peu de frais.

Pour les cépages sujets au mildiou du raisin, un traitement, visant spécialement les grappes, et fait en pleine floraison, produira le meilleur effet; l'expérience a prouvé qu'il n'y avait aucun danger à agir pendant cette période.

La deuxième opération s'effectue en général fin juin ou commencement de juillet, la troisième vers le milieu d'août. Ces trois traitements suffisent généralement à mener à bien la récolte, mais il n'y a pas de règles fixes et si le mal se manifeste intense chez les voisins, si les pluies chaudes ou mieux encore, si l'abondance des rosées la nuit, et la chaleur le jour, favorisent le développement du peronospora, il ne faudra pas hésiter à faire un ou deux sulfatages supplémentaires. Des traitements réitérés sont de rigueur dans les pépinières de jeunes greffes.

Des sulfatages eux-mêmes nous dirons peu de chose; tous les viticulteurs connaissent aujourd'hui la composition et la fabrication de l'Eau Céleste, de la Bouillie bordelaise, etc., ce ne sont pas les formules qui manquent. Nous devons dire cependant que la bouillie bordelaise est aujourd'hui préférée à tous les autres procédés et que les doses auxquelles on semble s'être arrêté varient de 1 à 3 kilog. de sulfate de cuivre pour autant de chaux grasse éteinte par hectolitre d'eau. A notre avis, la plus forte dose doit être préférée. D'après ce que nous avons dit tout à l'heure, le liquide doit être projeté sur la feuille. Pour cela on se sert à volonté d'un balai ou d'un pulvérisateur.

Pour ces appareils, comme pour les formules, les viticulteurs n'ont encore que l'embarras du choix; citons seulement, parmi ceux qui ont fait leurs preuves, les plus connus : ce sont, par ordre alphabétique, ceux de MM. Japy, Noël, Vermorel ; la gravure ci-après représente ce dernier.

Quels que soient les appareils employés, nous ne saurions trop engager les propriétaires à s'assurer que les pulvérisateurs sont bien lavés à l'eau claire à la fin du travail quotidien ; ceci est important pour leur conservation.

Au début, on avait émis quelques craintes au sujet du cuivre employé pour les traitements, on redoutait qu'il pût rester dans le vin et être préjudiciable à la santé.

Qui ne se rappelle dans notre département du Rhône les lamentables récits de jeunes reporters peu habitués à l'esprit gouailleur du paysan, pour lequel c'est pain béni de tromper un Monsieur de la ville, fût-il journaliste ! C'était à qui ferait l'énumération des lapins

Fig. 63. Pulvrisateur l'*Eclair*.

morts pour avoir mangé de l'herbe souillée de sulfate de cuivre, des vaches décédées pour s'être désaltérées dans une onde troublée par le lavage d'un vase ayant contenu de ce même sulfate, des personnes même enterrées à la suite d'ingestion de grappes contaminées. Quelles hécatombes! Et dire qu'ayant eu la curiosité de nous transporter dans les villages désignés comme théâtres de ces accidents épouvantables, nous n'avons jamais pu recueillir que cette réponse : « Oh! Monsieur, le journal a fait erreur, ce n'est pas chez nous que le fait s'est passé, on a, paraît-il, confondu la commune de B. avec celle de C. » Nous nous rendîmes dans cette pauvre commune de C. si cruellement éprouvée, c'était dans celle de D. ou de E. qu'il fallait aller, à moins que ce ne fût dans celle de X...

Ici encore la science a rendu le service de détruire la légende stupide. Les analyses des plus savants chimistes, comme aussi de nombreuses expériences, ont démontré que les vins de vignes traitées étaient parfaitement sains et pouvaient être consommés sans le moindre danger.

LE BLACK ROT.

Le Black Rot ou Rot noir semble jusqu'ici avoir épargné notre région, il a été cependant reconnu l'an dernier par les professeurs de l'Ecole d'agriculture de Montpellier, sur des échantillons provenant de Villeurbanne (Rhône) et plus récemment par la station d'Essais viticoles de Villefranche sur des raisins venant de Vierzon.

Hâtons-nous de le dire : Le Black Rot, si terrible en Amérique, paraît devoir être moins dangereux en France, où jusqu'ici il reste cantonné dans quelques départements du Midi, et surtout autour de Ganges (Hérault). Il a été constaté pour la première fois en France par MM. Viala et Ravaz. Fort heureusement, jusqu'ici, nous avons pu nous assurer que tous les échantillons de prétendu Black Rot à nous envoyés sont, — sauf pour celui de Vierzon — le mildiou du grain.

Le Black Rot attaque toutes les parties herbacées de la vigne, mais le début a toujours lieu sur les feuilles. Sur ces organes, on peut voir dès le 15 mai, dans le Midi, des petites taches couleur de *feuille morte*, peu étendues, ayant moins d'un centimètre de longueur, bien limitées. Sur ces taches, on découvre à la loupe des petites pustules noires généralement disposées en cercle concentrique et généralement aussi plus abondantes le long des nervures.

Lorsque les grains de raisin ont acquis la grosseur d'un petit pois, jusqu'à la véraison, ils sont directement atteints. Sur un point quelconque du raisin on voit apparaître une tache livide, brune plus ou moins rougeâtre, qui s'agrandit rapidement, envahit bientôt toute la baie laquelle, quelques jours après, est complètement desséchée et noire, coloration qui lui est donnée par les petites pustules, si abondantes, qu'elles semblent se toucher.

Les grains sur la même grappe sont attaqués isolément et il n'est pas rare de trouver sur ce raisin la maladie à tous les degrés de développement, depuis le grain presque sain jusqu'à celui déjà desséché et entièrement noir.

Le champignon microscopique qui cause le Black-Rot, appelé Lœstadia Bidwellii, semble devoir être combattu par des traitements cupriques préventifs sur les feuilles. Malheureusement leur action si remarquable contre le mildiou de la feuille semble moindre contre les maladies du grain, aussi conseillons-nous des traitements réitérés et massifs dès qu'on aura constaté la présence de cette dangereuse cryptogame.

ROT BLANC ET ROTS DIVERS

Quant au Rot Blanc ou *Conio*, nom que les vignerons lui donnent par abréviation de *Co-*

niothyrium diplodiella, nous ne voyons pas de traitements pratiques à lui opposer, non plus qu'à toute cette série de Rots que l'Amérique aurait en réserve pour nous, si notre climat se prêtait mieux à leur développement. Nous ne voyons donc pas pour l'instant nécessité de nous étendre davantage sur ce sujet. Souhaitons qu'il en soit ainsi pendant de longues années.

CHAPITRE III

Suite des parasites végétaux : Oïdium. — Anthracnose. — Mélanose. — Pourridié. — Roncié.

L'oïdium est probablement d'origine américaine, c'est le premier cadeau que les Américains ont fait à la viticulture d'Europe. Hélas ! bien d'autres ont suivi. Toutefois disons que si l'oïdium existe depuis longtemps en Amérique, il y présente des modes de fructification inconnus sur l'ancien continent.

Quoiqu'il en soit, la maladie apparut en 1845 dans les serres de Margate, en Angleterre, puis en 1847, en France, où elle fit, de 1851 à 1855, de tels ravages qu'on craignit de voir disparaître les vignes.

Heureusement que la nature prévoyante qui

Met la fièvre en nos climats et le remède en Amérique

nous a doté d'un spécifique absolument efficace : le soufre.

L'oïdium est tellement connu qu'il paraît à peine nécessaire de le décrire. Tous les vignerons le déterminent en voyant les parties atteintes, feuilles, jeunes rameaux, grappes, recouverts d'une moisissure blanchâtre ou grise répandant une odeur de moisi bien caractérisée. Si on frotte légèrement avec le doigt on l'enlève très facilement et on peut voir, à la place, la peau de l'organe malade parsemée de petits points noirs plus ou moins denses, selon l'ancienneté de la maladie. Si elle date de plusieurs semaines, un grand nombre de ces petits points noirs sont réunis et ont formé des taches noires irrégulières mais non déprimées ou déchiquetées.

La moisissure qui recouvre ainsi les organes malades n'est autre chose qu'un champignon parasite *l'Erysiphe Tuckeri*.

La partie végétative ou mycélium de ce champignon est constituée par des filaments rampant à la surface des organes sur lesquels ils vivent, en se nourrissant à l'aide de suçoirs sans pénétrer dans leur intérieur.

Sous l'influence du champignon, la peau du raisin devient sèche, parfois éclate, en tous cas la maturation des fruits se fait mal et cause grand dommage à la qualité du vin.

Dès le début de l'invasion, un grand nombre de remèdes furent proposés, — comme on a fait depuis pour le phylloxera et le mildiou, car les inventeurs n'ont jamais manqué, et tous, — sans avoir essayé, — ont un procédé soi-disant infaillible.

De tous les moyens de défense contre l'oïdium, un seul a subsisté : le soufre. Qu'il désorganise le mycélium par son contact ou par l'acide sulfureux qu'il dégage, peu nous importe.

Le soufre agit en outre sur la vigne elle-même; il lui donne plus de vigueur, régularise la fécondation et la maturité, en avançant celle-ci de huit à dix jours dans les vignes soufrées.

Appliqué d'abord sous diverses formes, on ne le répand guère aujourd'hui qu'à l'état de poudre, de soufre trituré, ou soufre sublimé. Ce dernier est généralement plus pur : son action est plus énergique; mais il est plus cher et plus difficile à répandre, aussi lui préfère-t-on le soufre trituré dont on augmente un peu la dose.

Le soufre d'Apt est un mélange de cette substance et de plâtre qui s'emploie en quantité double du soufre pur.

On pratique généralement chaque année trois soufrages : une première fois lorsque les rameaux ont 10 ou 15 centimètres de longueur. Ce traitement, utile dans le Midi, peut être négligé dans le Beaujolais où le mal sévit d'une manière moins intense. Le second, beaucoup plus important, se donne au moment de la floraison ; on devra toujours le faire avec soin pour garantir les jeunes fleurs ; on a remarqué aussi que le soufre favorise la fécondation et empêche, jusqu'à un certain point, la coulure.

Enfin, quelques jours avant la véraison, on donne un troisième soufrage qui peut être effectué avec un mélange de soufre et de poudres au sulfate de cuivre, de façon à traiter à la fois l'oïdium et le mildiou. Suivant l'intensité du développement de la maladie, on fait quelques traitements supplémentaires. La quantité à employer varie de 100 à 150 kilog. par hectare quand on se sert du soufflet, mais avec les grilles d'arrosoirs, ou les houppes, on emploie parfois des quantités doubles et triples sans augmenter l'efficacité du traitement.

Le soufflet est le meilleur instrument pour le soufrage ; son seul inconvénient est que, ne contenant qu'une petite quantité de matière, il oblige les ouvriers à une assez grande perte de temps pour le remplir à nouveau. Les types en sont nombreux : les uns, les plus simples, du modèle de La Vergne, contiennent le

Fig. 64. Soufflet de La Vergne.

soufre dans leur intérieur, ce qui entraîne une brûlure assez rapide du cuir. Les autres le renferment dans une boîte spéciale placée soit sur le côté, soit entre le soufflet et la tuyère; cette disposition est meilleure, à condition que le réservoir soit placé le plus près possible des manches de l'appareil, afin de diminuer la fatigue. Les soufflets *Lagleize* et l'*Indispensable* sont les meilleurs de ce genre. Nous les préférons aussi aux ventilateurs.

Pour faciliter les soufrages, on a imaginé encore diverses hottes dont nous représentons ci-après un modèle bien connu sous le nom de Torpille.

Disons, pour en finir avec cette question, qu'il est bon, l'été, d'éviter d'opérer au moment des fortes chaleurs de la journée : de nombreux cas de grillage n'ont souvent pas d'autre cause. Certains cépages se

Fig. 65. La Torpille.

montrent fort sensibles à l'action du soufre et il nous est arrivé, en voulant les préserver, de griller des Othello de belle façon.

ANTRACHNOSE

L'antrachnose est peut-être la seule maladie cryptogamique de la vigne que nous ne devions pas aux Américains. Suivant les régions on l'appelle : *Charbon, Cabuchage, Rouille-Noire*, etc. Elle existe partout en Europe mais ses ravages sont plus grands dans le Midi que dans le Nord.

Les trois formes désignées sous les noms d'*Antrachnose maculée*, d'*Antrachnose ponctuée* et d'*Antrachnose déformante* semblent avoir pour origine une même cause : les effets d'un champignon, le *Sphaceloma Ampelinum*, qui vit également sur les feuilles, les rameaux et les grappes. L'antrachnose maculée qui est la forme la plus dangereuse, et malheureusement la plus répandue, forme sur les feuilles de petites taches noires qui ne sont jamais très étendues : la portion atteinte se dessèche et tombe, laissant dans la feuille un trou entouré d'une auréole noire.

Les rameaux sont attaqués jusqu'à leur aoûtement, mais, plus l'antrachnose les envahit jeunes, plus les lésions qu'elle produit sont graves. Les taches apparaissent d'abord sous forme de petits points isolés d'un brun noirâtre qui grandissent, surtout dans le sens de la longueur du mérithalle. Le centre se recouvre d'une poussière brune, assez claire, qui disparait au bout de quelque temps laissant voir un véritable chancre rongeant, déchiqueté sur les bords, lesquels sont souvent surélevés en bourrelets creusés au centre. On aperçoit au fond les fibres du bois tendues au centre de la plaie, ce qui permet de distinguer, à première vue, le chancre de l'antrachnose des blessures produites par le choc de la grêle. Quand l'antrachnose sévit avec intensité, la souche languissante jaunit, les feuilles et grappes se dessèchent, les rameaux deviennent cassants, le bois s'aoûte mal, la maladie peut, après plusieurs années, amener même la mort de la souche.

Sur les raisins, le mal se manifeste par de petites taches noires, qui s'étendent et se confondent, arrêtant le développement du grain et le faisant parfois éclater.

La pluie est très favorable à la propagation du fléau, c'est elle qui, entraînant les spores du champignon sur les organes encore sains, y porte la maladie.

L'anthracnose ponctuée et l'anthracnose déformante sont plus imparfaitement connues. Elles sont particulièrement localisées sur les feuilles et peuvent se développer, à l'inverse de l'anthracnose maculée, dans des milieux secs, sur des vignes en coteaux. Quelques auteurs ont supposé que ce n'était qu'une forme de l'anthracnose maculée arrêtée dans son développement par des circonstances défavorables.

Les traitements contre l'anthracnose sont de deux sortes :

1° *Traitements préventifs :* Il consistent à badigeonner la souche, quelques jours avant le réveil de la végétation, avec une dissolution de sulfate de fer à 50 %. L'efficacité du remède est augmentée en versant sur les cristaux, avant de les faire dissoudre, 1 kilog d'acide sulfurique à 53°. Plusieurs viticulteurs ont signalé également les bons effets obtenus en ajoutant 5 % de sulfate de cuivre.

Ce traitement se fait avec un pinceau, afin de détruire les spores qui, abritées sous les écorces, auraient conservé leur vitalité.

2° *Traitements curatifs :* Ils consistent en soufrages répétés, en épandage de chaux en poudre. Avouons que le succès obtenu par ces moyens est très relatif quoique réel. Ces procédés peuvent aussi servir de compléments aux traitements préventifs dans les régions très sujettes à l'anthracnose maculée. Une application de bouillie bordelaise épaisse sur les sarments semble également enrayer le mal.

MÉLANOSE.

La mélanose décrite pour la première fois il y a peu de temps, par MM. Viala et Ravaz, est encore une maladie parasitaire qui tache les feuilles : c'est une sorte d'anthracnose pour rire. Comme elle fait peu de mal et n'attaque pas nos vignes indigènes, nous ne nous en occuperons pas davantage.

POURRIDIÉ.

Cette maladie n'est pas particulière à la vigne, les forêts de pins et d'autres plantations en sont souvent victimes. Le blanc des arbres fruitiers, bien connu de tous les horticulteurs, n'a pas d'autre cause.

Elle est due à plusieurs champignons parasites qui vivent sur les racines et en déterminent la décomposition.

Le pourridié progresse par tache d'huile tout autour d'un point d'attaque. Les souches se rabougrissent. Des sarments, restés courts, surgissent de nombreuses ramifications secondaires, ce qui leur donne l'apparence de têtes de choux, puis l'affaiblissement s'accentue, et l'arbuste finit par périr. Tous ces caractères pourraient faire croire à la présence du phylloxera, mais l'absence de nodosités sur les radicelles, la présence sur les écorces des principales racines, de nombreux filaments blanchâtres et plus tard, quand le mal est plus avancé, la décomposition du bois du collet qui pourrit, permettent de reconnaître le pourridié.

Comme l'humidité surabondante du sol est la principale cause de son développement, un bon drainage pourra le prévenir. Cependant, si le champignon existe déjà, on pourra essayer de l'arrêter par les moyens suivants : On creusera tout autour de la partie envahie, en empiétant quelque peu sur les vignes saines, un fossé de 0^{m}60 de profondeur environ, en ayant bien soin de ménager un écoulement aux eaux, car les filaments de champignon pourraient parfaitement traverser si le fossé se remplissait d'eau. La terre extraite sera rejetée vers l'intérieur; toutes les vignes situées dans la partie circonscrite, seront arrachées et les racines enlevées avec autant de soin que possible.

Pendant 3 ou 4 ans, il ne faudra pas replanter la parcelle car le champignon peut vivre plusieurs années sur le bois mort des racines. On évitera aussi de cultiver sur cet emplacement la pomme de terre, la betterave, le haricot, car le pourridié attaque ces plantes. De plus la terre devra être remuée plusieurs fois pour favoriser la décomposition des fragments de racines restés dans le sol. Enfin, pour éviter le retour du fléau, on aura soin, avant de replanter, de drainer et d'assainir le mieux possible.

RONCIÉ.

Le roncié (pousse en ronce) dans la Bourgogne, ou *Aubernage* de la Basse-Bourgogne, nous semble avoir la plus grande analogie avec la maladie dont nous venons de parler. Il présente les mêmes caractères de pousse en ortie et de végétation rabougrie que le pourridié, auquel nous sommes d'autant plus disposé à le rattacher, que nous avons presque toujours pu constater la présence de champignons, qui peuvent, il est vrai, aussi être là comme saprophytes. Cependant presque tous les observateurs sont d'accord sur un point : c'est qu'on trouve sur la souche la première année, à 5 ou 8 centimètres du sol, une sorte de chancre noir se prolongeant par une raie jaunâtre peu étendue. La deuxième année, cette raie s'étend d'un bout à l'autre de la souche. A la taille, on rencontre sur les sarments et les racines une grande portion, tout un côté du bois, noirci ; la troisième année, la partie noire augmentant toujours, la souche meurt. En outre, et c'est là un fait important, qui tend à différencier le roncié du pourridié, on obtient de bons résultats en recépant les souches dès la première année. A ce point de vue la maladie semblerait se rapprocher de l'anthracnose. Il y a donc une étude importante à faire de ce fléau qui cause de grands dommages en Bourgogne.

Sont-ce là tous les ennemis que nous avons désignés sous l'appellation de *parasites végétaux* ? Evidemment non, le nombre en est malheureusement beaucoup plus grand, nous n'avons examiné que les principaux, ceux à redouter sous notre latitude.

CHAPITRE IV

Parasites animaux : Charençons et Attelabe. - Altise. — Cochenille.— Erinose.— Limaçon.— Noctuelle. — Ver blanc. — Gribouri ou Écrivain. — Pyrale et Cochylis. — Phylloxera.

Nous avons lutté de notre mieux contre les intempéries et les fléaux du règne végétal. La série est déjà de jolie longueur, est-ce à dire que nous en ayons fini et que la déroute de nos ennemis soit complète. Hélas ! Voici de nouvelles troupes, nous pourrions dire des légions de ravageurs, qui toutes appartiennent au règne animal (1).

Et cependant, faute d'espace, nous ne parlerons que des têtes de file !

(1) Nous puiserons beaucoup ici dans le remarquable ouvrage de V. Audoin : *Histoire des insectes nuisibles à la vigne,* Paris, Fortin, Masson et Cie, 1842 ; et aussi, cela va sans dire, dans l'ouvrage de M. Foëx si souvent cité. Enfin et surtout dans la belle publication récente de M. Valéry Mayet : *les Insectes de la vigne,* librairie du *Progrès Agricole,* 1890.

CHARENÇON ET ATTELABE.

Les petits coléoptères appartenant à la nombreuse famille des *charançons*, si redoutés des producteurs de céréales, causent aux vignobles des ravages parfois sérieux. Le plus dangereux, pour nous, de ces insectes à tête allongée en forme de bec ou de trompe, est vert cuivré, long de 5 à 6 millimètres, il est complètement glabre et son aspect est loin d'être repoussant. Les entomologistes le désignent sous le nom d'*Attelabe*, le vulgaire sous celui d'*urebère, becmare, lisette ou cigareur*.

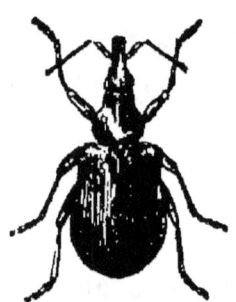

Fig. 66. Attelabe (grossie).

Cette dernière appellation indique assez bien la nature de ses méfaits : au moment de la ponte, là femelle roule les feuilles, puis dépose ses œufs dans l'espèce de cigare ainsi façonné. Ces feuilles sont rongées par les petites larves à leur naissance, se dessèchent et tombent, compromettant ainsi la vie du sarment et même des raisins. La petite larve se laisse bientôt choir sur la terre, s'y enfonce pour se transformer en nymphe, puis en insecte parfait vers le commencement de l'automne.

Dans la région que nous habitons l'attebabe cause des dégâts peu importants. Il sera bon cependant de cueillir les *cigares* faciles à distinguer et de les porter au four, seul bureau de tabac qui leur convienne.

Fig. 67. Feuille roulée en cigare par l'Attelabe.

ALTISE.

Encore un coléoptère de taille un peu plus petite que le précédent, de couleur vert foncé tirant sur le bleu.

Comme le précédent aussi, ce coléoptère appelé quelquefois *pucerotte*, s'attaque aux feuilles et aux bourgeons. Peu redoutable chez nous, il cause des ravages importants dans le Midi et considérables dans les vignobles algériens.

On le détruit en faisant tomber l'insecte parfait dans un large entonnoir dont le tube inférieur plonge dans un sac; ou bien, lorsqu'il est à l'état de larve, au moyen du jus de tabac ou de tout autre insecticide projeté

Fig. 68. Altise (grossie).

par un pulvérisateur. Un mélange de chaux, soufre et sulfate de fer, légèrement additionné d'acide phénique donne, paraît-il, de bons résultats chez nos voisins d'Algérie. Mais plus récemment, on a eu l'idée fort ingénieuse de lui préparer de petits logements ou abris dans lesquels l'insecte peut se réfugier pendant la saison d'hiver. Ces refuges, plus ou moins primitifs, sont souvent constitués par des broussailles ou grandes herbes disposées à cet effet. Il suffit, au printemps, d'une allumette bien employée pour se débarrasser des locataires malfaisants.

COCHENILLE.

Celui-ci appartient à l'ordre des hémiptères ; la femelle dépose ses œufs dans un duvet blanc cotonneux qu'elle sécrète au moment de la ponte. Les sarments attaqués ont tout à fait l'apparence des rameaux du pommier aux prises avec le puceron lanigère. C'est également un puceron que cache le duvet produit par la cochenille et, comme tous ses semblables, ce puceron se nourrira de sève aux dépens de la santé du végétal.

Peu redoutable aussi sous nos climats, l'insecte qui nous occupe peut être détruit à l'aide des liquides insecticides ou mieux encore par le flambage ou l'ébouillantage dont nous parlerons longuement tout à l'heure en nous occupant de la pyrale.

ÉRINOSE.

Nom donné à la maladie effet et non pas à l'insecte cause, sorte d'*acarien* répondant à l'appellation scientifique de *Phytocoptes vitis*.

Nous avons parlé, à propos de mildew, de cette petite vérole de la vigne. Les boursouflures produites à la face supérieure de la feuille par les piqûres du phytocoptes microscopique, et cela dès le premier printemps, sont du reste plus inquiétantes que dangereuses. L'*érinose* ne nuit guère à la santé du cep, ce qui est fort heureux, car les soufrages réitérés qu'on a conseillés pour la combattre nous ont toujours donné des résultats négatifs.

LIMAÇON.

Dussions-nous encourir les malédictions de tous les amateurs d'escargots, alors surtout que les plus renommés proviennent de la Bourgogne, nous conseillerons d'être sans pitié pour ces mollusques qui peuvent, au printemps, détruire quantité de bourgeons pleins de promesses.

Que les gourmets les ramassent pour les confier à leurs cuisinières, mais que les vignerons s'en débarrassent plus rapidement en les faisant tomber dans l'entonnoir ci-dessus désigné, en les écrasant, ou en répandant de la poussière de chaux sur le sol.

NOCTUELLE.

Un bien singulier ennemi que celui-là, au point de vue des mœurs du moins, car, sous le rapport physique, c'est une vulgaire chenille d'un gris livide, assez visqueuse qui, comme toutes ses semblables, donnera naissance à un papillon la *noctua aquilina*. Ce que ses mœurs présentent de particulier, c'est qu'elle apparaîtra en grande quantité à certaines saisons et que pendant une série d'années elle disparaîtra complètement. Au printemps 1886 elle causa d'importants dégâts dans le département du Rhône, nous n'en avons plus entendu parler depuis.

Cette chenille se cache pendant le jour sous les cailloux ou les mottes de terre placés auprès du cep, elle en sort la nuit et ronge avec une rapidité incroyable les bourgeons à peine développés. A l'aube, le vigneron trouve les coursons complètement veufs des jeunes pousses si vertes la veille, il n'y a plus trace de feuilles, ni du destructeur, caché comme nous l'avons dit.

Cette façon d'agir du noctambule fut cause d'une amusante mésaventure arrivée à un malin de notre voisinage. Victime de l'invasion dont nous parlions tout-à-l'heure, notre homme réfléchit longuement, puis accusa Jean Lapin des méfaits dûs à la noctuelle. Frémissant de colère, il saisit son meilleur fusil et pendant plusieurs nuits attendit vainement son ennemi, bravant les rhumatismes et les risées du hameau. C'était à en perdre la tête, la lune à son plein avait beau lui venir en aide, le chasseur ne voyait rien, et le matin sa vigne était parfaitement rongée. On en rit encore dans la commune de.....

Au lieu de prendre un fusil, armez-vous d'une lanterne : vous trouverez facilement la larve sur la souche même, lorsqu'elle viendra souper à vos dépens. On peut aussi la détruire pendant le jour, en la saisissant sous les abris dont nous avons parlé.

VER BLANC.

Nous entamions la série de cette engeance maudite que

.... le ciel en sa fureur
Inventa pour punir les crimes de la terre.

Le *ver blanc*, *mans*, ou *turc*, mérite une place de choix parmi ces larrons, terreur de nos plantations. Tout le monde connaît cette larve du hanneton commun ; tous les pépiniéristes et jardiniers savent les ruines causées

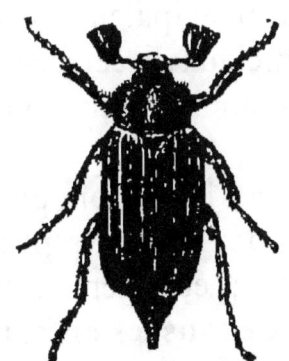

Fig. 69. Hanneton commun.

Fig. 70. Ver blanc.

par lui et surtout son odieuse larve. Songez qu'avant de se métamorphoser elle passe dans la terre trois années, pendant lesquelles ses robustes mandibules rongent toutes les racines à sa portée. Nous en arriverions presque à bénir la taupe, son ennemie acharnée, si les évolutions souterraines de ce petit quadrupède étaient moins nuisibles ; mais nous remercions sans arrière-pensée le hérisson, cet autre destructeur de toutes les larves, limaçons et chenilles.

Le sulfure de carbone employé à hautes doses, principalement avant la plantation, ce qui évite la mortification des jeunes racines, est un des remèdes les plus efficaces. Que de millions de jeunes greffes principalement on sauverait par un emploi judicieux de cet insecticide, dans les pépinières au sol peu compact! (1).

La guerre à l'insecte ailé, au hanneton, père du ver blanc, donne encore des résultats plus certains. Nous ne saurions trop engager à employer, à cet effet, les loisirs de tous les enfants de nos écoles rurales, on leur enseigne aujourd'hui quelques éléments de science agricole ;

---

(1) Consulter une brochure de M. Vermorel : *Note sur la destruction des vers blancs*, éditée par la librairie du *Progrès Agricole*.

que nos instituteurs si dévoués les poussent à cette chasse peu dangereuse ; ils rendront aux cultivateurs un service dont ils ne se refuseront pas à reconnaître la véritable utilité. Il faut savoir récompenser le travail profitable.

GRIBOURI OU ÉCRIVAIN.

Appelé aussi *eumolpe*, ce coléoptère appartient non seulement à la même famille entomologique que le hanneton, auquel il ressemble

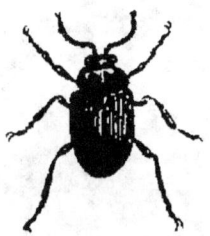

Fig. 71. Gribouri (grossi).

en petit, sa longueur est de 5 à 6 millimètres, mais il se rapproche encore de cet insecte par la façon dont il contribue à la ruine des viticulteurs.

En effet, ce n'est pas à l'état d'insecte parfait que ce petit destructeur aux élytres noires cause de grands ravages, mais bien à l'état de larve, celle-ci vivant dans la terre et rongeant les racines, de telle façon que les ceps peuvent succomber. Ses exploits se manifestent extérieurement, surtout dans les terrains légers, sablonneux ou granitiques; la vigne cesse de pousser, jaunit et meurt sur des espaces de forme ronde, semblables en tout aux taches phylloxériques.

Arrrivé à l'état parfait, l'Écrivain se contente de ronger les feuilles sur lesquelles il

Fig. 72. Feuille de vigne rongée par le gribouri.

trace, à l'aide de ses petites mandibules, des lignes bizarres, véritables hiéroglyphes, de là son nom. Ces découpures de la feuille n'ont, du reste, pas d'importance.

Autrefois on détruisait le gribouri, à l'état d'insecte, de la même façon que l'altise, en le faisant tomber dans des entonnoirs ou sur des linges blancs étendus autour de la souche, c'était chose assez difficile, car au moindre bruit il se laisse choir sur le sol en faisant le mort. On fumait encore avec des tourteaux de colza ou du marc de raisin, on semait même entre les ceps des fèves de marais dont l'odeur, disait-on, mettait l'ennemi en fuite. En un mot, tous les moyens possibles étaient mis en œuvre, principalement dans la région que nous habitons, nos terrains granitiques des cantons de Beaujeu et de Belleville favorisant singulièrement la multiplication du petit coléoptère qui nous a causé des pertes considérables.

A l'heure actuelle, le sulfure de carbone est le seul remède préconisé, il donne les meilleurs résultats. Du reste, la larve de l'écrivain semble peu friande des racines d'espèces américaines.

PYRALE ET COCHYLIS

Ce n'est pas sans motif que nous réunissons ici la *Pyrale* et la *Cochylis*. On sépare trop, à notre avis, ces deux insectes similaires de formes, d'habitudes et appartenant tous les deux à la même famille, celle des lépidoptères. Ce qui nous décide surtout à leur consacrer un paragraphe unique, c'est que, comme nous le verrons tout à l'heure, le même procédé détruit simultanément ces deux malfaiteurs.

La *Pyrale* (pyralis vitana) (1) est un petit papillon de nuit, gris doré, les ailes supérieures traversées de trois bandes brunes, les inférieures unies et noirâtres avec bordures plus claires; la tête se distingue par deux palpes labiaux formant une sorte de bec en avant, caractère que ne présente pas le papillon de la cochylis; sa larve est longue de quatorze millimètres, de couleur verdâtre avec la tête noire.

Dans le courant de l'été les œufs, déposés par le papillon sur les feuilles, éclosent, la

---

(1) M. V. Audouin, et aussi M. Valéry Mayet, déjà cités.

petite chenille qui en sort se suspend à un fil
qui lui permet d'atteindre le cep ou l'échalas,

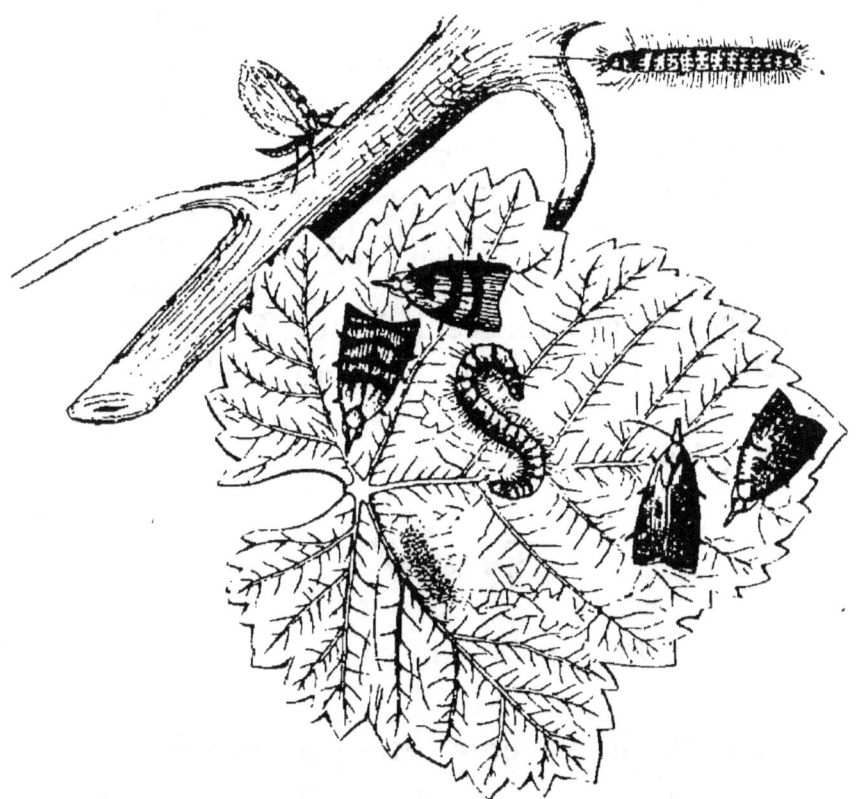

Fig. 73. Pyrale sous ses différents états.

c'est dans les fissures de l'un ou de l'autre,
sous l'écorce, qu'elle passera l'hiver, résistant
aux gelées les plus rudes. Au réveil de la sève
elle se précipite sur les bourgeons à sa portée,
enlace de ses fils soyeux jeunes feuilles et

grappes et les dévore avec une incroyable voracité. La vigne, lorsque l'invasion est nombreuse, semble avoir subi les atteintes de la flamme, de là le nom de l'insecte dérivé évidemment du grec πυρ, feu.

La *Cochylis* (cochylis roserana ambiguela), appelée souvent *teigne* de la vigne, est un petit papillon jaune dont les ailes supérieures sont traversées d'une seule bande. Sa chenille, à peu près de même longueur que celle de la pyrale, mais plus grosse, est d'un brun rougeâtre, foncé, ainsi que la tête (1).

Fig. 74. Cochylis papillon.

La cochylis présente cette particularité de se reproduire deux fois dans l'année. La première éclosion des œufs a lieu quelques jours avant la floraison de la vigne; les petites larves très agiles se précipitent sur la jeune grappe,

---

(1) Nos paysans beaujolais désignent la chenille de la pyrale sous le nom de *ver à tête noire*, ou simplement de *ver*, tandis qu'ils appellent *ver rouge* la larve de la cochylis.

qu'elles entourent de fils, elles y trouvent à la fois le gîte et la nourriture, car, tandis que la pyrale ronge uniquement les feuilles, la cochylis ne s'attaque qu'aux raisins.

Les ravages de cette première génération sont quelquefois considérables, ce ne sont pas hélas! les seuls. La chenille, transformée en chrysalide au bout de quelques semaines, donnera naissance à de nouveaux papillons que l'on verra voltiger le soir et le matin, ils s'accoupleront et, vers le commencement du mois d'août, déposeront leurs œufs sur le raisin lui-même.

Nouvelle naissance de larves à l'époque de la véraison, celles-là perceront chacune plusieurs graines presque mûres et, l'atmosphère devenant plus humide, la pourriture se mettra de la partie. Ce nouvel assaut donné à la récolte achèvera à peu près sa destruction.

REMÈDES

On conseillait autrefois de faire la chasse, soit à la pyrale, soit à la cochylis, en enlevant la feuille ou la grappe qui leur servent d'habitation, on lançait à leur poursuite des troupeaux de dindons ou de poulets, et, s'il s'agissait de la deuxième génération de cochylis, on recommandait de vendanger aussitôt que possible, afin d'étouffer dans la cuve les chenilles avant leur métamorphose; bien plus, quelques viticulteurs, par trop patients, les détruisaient une par une à l'aide d'une pointe d'aiguille.

Tout cela donnait bien quelques résultats, mais la pyrale surtout gagnait toujours du terrain, au point que les vignobles de la Bourgogne, du Mâconnais et du Beaujolais diminuaient chaque année de valeur dans des proportions considérables. Vint un observateur, B. Raclet, propriétaire à Romanèche (Saône-et-Loire), qui, vers 1843 ou 1844, annonça au monde viticole que l'eau bouillante, répandue sur la souche au printemps, détruisait cette maudite pyrale. La vigne était sauvée dans nos régions! Un buste, bien tardivement élevé sur une place publique de son pays, constate le service immense rendu par Raclet. Ce buste a été inauguré il y a peu d'années, Raclet était mort depuis longtemps.

Mais ce n'est pas chose facile, dira-t-on, que d'avoir de l'eau bouillante en quantité au milieu des vignes? Désespéreriez-vous donc du génie français? Dans le pays même illustré par Raclet les inventeurs se mirent à l'œuvre, à Villié-Morgon, Belleville-sur-Saône, Mâcon, etc., on construisit des chaudières facilement portatives, disposées en forme de manchon autour d'un petit poêle brûlant houille ou bois. Puis on imagina d'allonger le bec de cafetières en fer blanc de façon à permettre l'épandage d'un filet d'eau bouillante assez mince pour épargner même le bourgeon, bien que l'expérience ait prouvé que, lorsqu'il est revêtu de sa bourre, le liquide brûlant a sur lui peu d'influence.

Avec un de ces appareils et les cafetières, dont nous donnons ci-après le dessin, trois ouvrières, leur journée est moins coûteuse, ébouillantent, *échaudent* comme nous disons, un demi hectare par jour. La chaudière contient 25 à 30 litres d'eau qu'on amène en dix minutes à l'ébullition, elle y est maintenue si l'on a soin de remplacer cafetière par cafetière le liquide bouillant par de l'eau froide. L'appareil se transportant pas à pas, l'eau, lorsqu'elle arrive à la souche, accuse une température d'environ 90 degrés, c'est celle absolument nécessaire.

Jusqu'ici nous n'avons parlé que de la destruction de la pyrale, mais l'ébouillantage détruit également la cochylis ; surtout si l'on

Fig. 75. Appareil pour détruire la Pyrale : A, chaudière portative, B, entonnoir pour le remplissage; C, soupape de sûreté; D, robinets; EE, crochets pour le transport; F, foyer; G, cafetière à bec pour la distribution de l'eau bouillante; H, récipient contenant l'eau froide.

ajoute un peu de carbonate de soude pour élever la température et attaquer plus facilement la coque. Nous l'affirmons, car le maudit ver rouge ayant à peu près anéanti notre récolte en 1887, tous nos ceps furent soigneusement ébouillantés en mars 1888. L'effet fut prodigieux, peu de traces chez nous de la première invasion, plainte générale chez nos voisins. Malheureusement les papillons déposèrent leurs œufs aussi bien chez nous qu'ailleurs et, si nous ne fûmes pas entièrement préservé de la première et de la seconde invasion, le mal était diminué de moitié et la récolte double. Elle fut très rémunératrice, sauf sur quelques ceps non ébouillantés, ceux-là étaient tellement infestés de cochylis qu'il en fut recueilli près de quatre cents sur une treille composée de dix-huit pieds !

Ce résultat remarquable fut annoncé par nous avec empressement au cours d'une séance de la Société régionale de Viticulture de Lyon. Malheureusement nous ne pûmes convaincre tous nos collègues : les uns habitent des régions où la chaudière que nous avons décrite est chose complètement inconnue, les autres se rangeaient trop facilement à l'opinion de nos paysans beaujolais, qui soutiennent que l'eau bouillante n'a d'action que sur la pyrale.

On nous renvoya au livre de M. Audouin, puisque nous ne tenions aucun compte de ce qu'au moment de l'ébouillantage la pyrale est à l'état de chenille, tandis que la larve de la cochylis est encore dans sa coque.

Eh bien! Nous avons relu l'ouvrage du grand savant, il ne nous a rien appris concernant les deux lépidoptères dont nous connaissions les mœurs et les métamorphoses, mais il nous a permis de remarquer que cet ouvrage était *imprimé en 1842, alors que la découverte de Raclet n'a pas été divulguée avant 1843 ou 1844*. M. de Vergnette Lamotte, illustre œnologue de la Bourgogne, relate un premier essai d'ébouillantage au printemps 1847 dans les vignobles de l'hospice de Beaune (1).

M. Audouin ne pouvait savoir, avant que le procédé ne fût connu, si l'eau bouillante détruisait aussi bien les chrysalides de cochylis que les larves écloses de la pyrale.

Mais nos recherches ne se sont pas arrêtées là et nous citerons l'opinion d'un savant,

---

(1) De Vergnette Lamotte: *Des Vignes fines et de la vinification dans la Côte-d'Or*. Paris, Victor Masson, 1864.

élève préféré de l'illustre Planchon, M. Adolphe Méhu, mort il y a peu d'années à Villefranche-sur-Saône, son pays natal (1). Notre compatriote s'exprimait ainsi dans un opuscule presque introuvable actuellement (2) : « *La cochylis et la pyrale, qui ont pendant l'hiver, quoique sous des états différents, le même habitat, ne résistent pas à l'action de l'eau bouillante.* »

Récemment enfin, dans son numéro de janvier 1889, une excellente publication dauphinoise (3) publiait sous la signature de son rédacteur en chef, M. le professeur départemental Rouault, un article très intéressant constatant que l'ébouillantage : « *s'impose pour la destruction de la cochylis.* »

Notre opinion n'est donc pas basée sur un fait isolé, et notre ignorance des mœurs de la cochylis est-elle démontrée ? Chacun fera

---

(1) Bien qu'âgé de 40 ans à peine, Méhu avait pris place parmi les botanistes les plus distingués ; son herbier a été vendu récemment à un prix très élevé.

(2) *Etude comparative des Combustibles employés à l'échaudage de la vigne*, par A. Méhu et A. Barbelet, Villefranche, imprimerie Pinet, 1869.

(3) *Le Sud-Est*, journal agricole mensuel, Grenoble, imprimerie G. Dupont.

peut-être bien de s'en rendre compte en son particulier, surtout depuis que le carbonate de soude, a, comme nous venons de le dire, fourni le moyen d'élever la température de l'eau des chaudières.

Nous ne voudrions pas laisser croire cependant que l'ébouillantage ne laisse pas échapper quelques chrysalides et partant nous aurons quelques papillons. Ce que nous garantissons : c'est que le nombre en sera grandement diminué et que, comme les insectes qui nous occupent ont des mœurs assez casanières, ceux éclos chez nos voisins négligents ne déposeront que peu d'œufs sur nos vignes, surtout lors de la première invasion.

Le feu vient encore à notre aide sous une autre forme : le *flambage*. Il consiste, au moyen d'appareils spéciaux, à envelopper rapidement le cep d'une flamme vive produite par la combustion d'essences ou d'alcool, mais ce procédé est loin de valoir l'eau bouillante.

PHYLLOXERA

Rassurez-vous, nous ne parlerons ici du plus terrible de nos ennemis insectes que pour mémoire, nous avons été assez prolixe de détails au chapitre IV de notre première partie. Mais comment ne pas prononcer son nom lorsqu'il tient une si grande place dans les hordes qui nous envahissent.

Avons-nous dit qu'il n'a été découvert ou plutôt bien déterminé par M. Planchon qu'en l'année 1868 ; par conséquent il est inutile de consulter à son sujet les ouvrages écrits antérieurement à cette date. D'aucuns certifient cependant qu'il figurait parmi les hôtes de l'Arche.

Pourquoi Noé, père de la vigne, l'a-t-il laissé débarquer ?

CONCLUSIONS

Le voilà terminé ce voyage ou plutôt cette *tournée du propriétaire*, voyage profitable, nous l'espérons ! Vous avez bien opéré, défendu vos vignes, en temps voulu, contre leurs nombreux ennemis, et vous devez maintenant compter avec orgueil les fûts rebondis, bien alignés dans votre cave. Le vin est bon, cela va sans dire, quel nectar rivaliserait avec celui du cru !

Vienne maintenant ce Messie tant attendu : le Marchand de vins !

Vous avez hâte de tirer parti d'une récolte obtenue chèrement, surtout pour nous greffeurs de la première heure. Cette impatience est excusable, propriétaire récoltant à la bourse épuisée, mais n'allez pas cependant vous exagérer la valeur de vos produits, elle n'est, au point de vue commercial, pas beaucoup plus élevée qu'avant ce que nous pourrions appeler le *Krack du vignoble.*

Qu'est-ce à dire! La qualité de nos vins aurait elle diminué? Non, bien évidemment; mais nous croyons :

1° Qu'il faut nous rappeler qu'un vin bien fait ne risque pas de s'altérer dans une bonne cave. Jadis on n'était pas si pressé de vendre, il est vrai que le besoin d'argent ne se faisait pas sentir aussi impérieusement.

2° Que si nos produits s'écoulent trop lentement, à notre gré, c'est un peu la faute :

Et des Marchands de vins :

Ne trouvant plus à s'approvisionner de bons crus à l'ancien tarif, ils ont voulu ne pas modifier leur prix, pour raison de rivalité commerciale ou autre, et ont livré à la consommation des vins étrangers, améliorés savamment, nous voulons le croire pour le palais des buveurs. Aujourd'hui la clientèle est faite à ce prix, à ces qualités, et le marchand est bien embarrassé pour rien modifier, cela se comprend.

Et de nous-mêmes, propriétaires et vignerons :

Puisque le commerce trouve nos prix trop élevés, il nous faut songer à produire à meilleur marché, en diminuant les frais de culture et surtout en récoltant davantage.

Disons-le hautement : obtenir un plus grand rendement est chose possible, facile même, avec la greffe qui rend le cep plus productif, cela le sera encore certainement lorsque nous disposerons de cépages hybrides bien sélectionnés. C'est surtout chose sûre si nous taillons, fumons, en un mot cultivons mieux, ce que nous ferons et faisons déjà, grâce aux études auxquelles chacun de nous est obligé de se livrer pour sortir de la situation critique où nous ont jetés les fléaux qui nous accablent.

Et quand nous pourrons vendre moins cher, nous aurons le droit de compter sur Messieurs les négociants en vins. Quand ils trouveront à leur porte, à prix égal, ces vins de France qui sont les meilleurs du monde, ils renonceront aux produits de l'Italie, de l'Espagne, ou de la Hongrie. Ils ne peuvent songer à porter atteinte à leurs intérêts d'abord, à leur réputation ensuite, et à celle de la France, car jamais un coupage, si viné et si bien travaillé soit-il, ne pourra se comparer à la liqueur exquise que récoltent les habitants du Mâconnais, du Beaujolais, des Côtes du Rhône, du Bordelais et de la Bourgogne. Nous allions oublier la Champagne !

Tous producteurs ou vendeurs de vins, ne sommes-nous pas Français et patriotes ?

N'ayons qu'une devise : Travail ! Persévérance ! Confiance en l'avenir !

TABLE ALPHABÉTIQUE DES MATIÈRES

A

Accolage	244-268
Acescence	357
Adaptation	90-381
Alambic	339
Altise	415
Amendements	65
Amertume (maladie)	358
Anthracnose	404
Assurances (Cies d')	372
Attelabe	413

B

Badigeonnages	51
Ban de vendange	306
Barbues	283
Berlandieri (Vitis)	165
Bétail	9
Binages	234-242-247-288
Black-Défiance	128
Black-Rot	388-395
Bouchons	353
Bouillie Bordelaise	392-407
Bouteilles	352
Bouturage	278
Bouture à un œil	280
Brant	99
Brown-Rot	388
Buttages	215 229-238-247

C

Cabuchage	155
Canada	101
Cave	346-353
Cellier ou cuvage	313

Cépages de l'Allier	171	Cochylis ou Teigne	425
» de l'Ain	173	Collage	351
» de l'Ardèche	172	Colon partiaire	2
» du Cher	171	Composts ou terreaux	23
» de la Côte-d'Or	170	Cordifolia	165
» de la Drôme	173	Cornucopia	104
» de la Haute-Loire	173	Coulure	179-377
» de la Haute-Savoie	174	Culture	286
» de l'Indre	172	» à la charrue	290
» de l'Isère	174	» à la main	287
» du Jura	174	» mixte	294
» de la Loire	170	Cuves	314
» du Loiret	172	Cynthiana	106
» de la Nièvre	171		
» du Puy-de-Dôme	172		
» du Rhône	170	**D**	
» de Saône-et-Loire	170	Défoncement	72
» de la Savoie	174	Delawarre	126
» de l'Yonne	171	Distillation	338
» jus colorant	177	Drainage	68
» précoces	176	Duchess	128
Ceps (remplacement des)	233-242		
Chaintres	263	**E**	
Charençon	413		
Charrue défonceuse	74-75	Eau céleste	392
» sulfureuse	57	Eau-de-vie	338
» vigneronne	296	Ebouillantage	416-428
Chaudière à ébouillanter	430	Ebourgeonnage	242
Chlorose	379	Echalassement	236-243
Chromo-lithographie (planches en)		Echaudage des ceps	416-428
		» de la grappe	267-388
Cigareur	413	Ecrivain	422
Cinerea	165	Elsimburg	120
Climat	89-268	Elvira	122-161
Clinton	160	Enfûtage	347
Cochenille	416	Engrais (achat des)	31

— 443 —

Engrais animaux 26
» azotés............... 24
» chimiques........... 24
» (épandage des)....... 31
» phosphatés.......... 28
» potassiques.......... 27
» végétaux............ 26
Erinose................. 417
Etraire de l'Adhuis...... 79
Eumélan................ 120

F

Façons..... 234-242-247-288
Fermentation........ 315-349
Fichon................. 211
Flambage............... 435
Fléaux naturels......... 365
Fleur (maladie du vin).... 356
Floraison 378-388-392-402-427
Folletage............... 382
Foudres................ 314
Foulage ou écrasement.. 310
Friche................. 8
Fumier................ 16
Fumure............... 238
Fûts.................. 347
» (soufrage des)....... 350

G

Gelée d'automne......... 370
» des greffes.......... 370
» d'hiver............. 366
» de printemps 368

Gérant................. 4
Graisse (maladie du vin).. 361
Greffage (atelier de)..... 204
» (époque du)......... 209
Greffe............. 183-284
» anglaise............. 199
» Baborier 198
» au bouchon......... 195
» Cadillac 193
» Champin 196
» à cheval 192
» en fente 190
» en fente évidée 192
» influence sur le vin... 96
» (origine de la)....... 80
» sur place 186
» Reybaud - Lauge ou Nesme........... 197
» sur table 189
Greffes (arrachage des) 218-225
» (arrosage des) 216
» (buttage des). 220-236-247
» (coulure des)........ 378
» (gelée des) 230-370
» (ligature des) 201
» (plantation en pépinière des)............. 210
» (sevrage des) 216-229-237-247
» (soins à donner aux).. 208
» (stratification des) 208
Greffer (machines à) 205
Greffoir (couteau)........ 206
Greffon (affin. du)136-145-148-168
Greffons (choix des)...... 178
» soins à leur donner... 178
Grêle.................. 371

— 444 —

Grêle (Cies d'assurance contre la) 372
Gribouri 422

H

Hanneton 420
Herbemont 113
Hiver terrible 41-62-77
Houe vigneronne 299
Huntingdon 129
Hybrides Bouschet....... 177
Hybrides et hybridations 84-93-97-135-166-273

I

Incision annulaire........ 377

J

Jacquez 109-161

K

Klein et Fréchou (procédé) 325-328

L

Labourage 290
Ligature 244-268
Limaçon 417
Litière 19

M

Mans 420
Marc 330-336
» (résidus de) 345
Marchands de vin 437
Marcottage 274
Marcotte chinoise........ 276
» par couchage 275
» simple 274
» versadi 278
Maturité 304
Mélanose 408
Mildiou ou Mildew 385
Millerandage 378
Moisi (goût de).......... 362

N

Noah 123-162
Noctuelle 418

O

Œuf d'hiver 51
Oïdium 399
Oporto 137
Othello 113
Outillage 348

P

Pal 57
Parasites animaux........ 412
» végétaux........ 385-399
Pâturage 9-12
Pépinière 136

Peronospora 385
Pèse-moût ou gleucomètre 306-324
Phylloxera 36-435
» (remèdes contre le)... 43
Phylloxériques (taches).. 41-62
Pinçage................. 245
Piquette................ 343
Plantations à demeure.... 222
» (distance des)........ 226
Plantes améliorantes 64
» épuisantes 13
Plants racinés........... 283
Porte-greffe 136
» (affinité du)...... 136-168
» (choix du).......... 181
Poudre sulfatée.......... 402
Pourridié................ 408
Pourriture............... 383
Pousse (maladie du vin)... 360
Prairies................. 9
Pressoirs................ 331
Pressurages 330
Producteurs directs.. 94-97-99
Provignage 274
Pulvérisateur........ 393-398
Purin................... 18
Pyrale................. 425

R

Raclet 429
Raphia................. 204
Récoltes dérobées 13
Régisseur............... 4
Relevage ou accolage. 244-268

Repiquage.......... 233-242
Riparia 144
Rognage 245
Roncié................. 419
Rot blanc 397
Rougeot 382
Rulander............... 120
Rupestris.............. 146

S

Sables (plantations dans les). 82
Saint-Sauveur 130
Sécateur.... 228-233-241-250
Secretary.............. 129
Sel marin.............. 66
Semis.............. 83-270
Senasqua............... 118
Serpe ou serpette...... 250
Sol (analyse du)........ 33
» (entretien du)....... 64
» (influence du)....... 89
» (mise en état du).... 71
Solonis................ 119
Soufflet à soufre...... 402
Soufrages.............. 402
Soufre................. 401
Soutirages............. 349
Submersion......... 46-67
Sucrage................ 322
Sucre (vins de)........ 326
Sulfatages........ 244-391
Sulfo-carbonate........ 50
Sulfurage...... 59-83-421-424
Sulfure de carbone 33-52-59-78-87

T

Taille. 15-228-232-240-250-269
» en arceau.... 241-254-255
» courte............... 252
» gobelet.............. 253
» Guyot............... 256
» longue ou à longs bois 252-254
» Sylvoz 260
Taylor................. 163
Teigne ou Cochylis...... 425
Terrage................ 247
Terrains calcaires....... 164
Terreaux ou composts 23
Terres labourables....... 12
Tourne (maladie du vin).. 360
Treilles et cordons........ 256
Triumph................ 125

V

Vache................. 10-291
Vendanges............ 246-308
Vendanges (amélioration des) 321
Vents violents........... 384
Véraison............... 303
Ver blanc.............. 420
Vialla................. 152
Vigneron à moitié fruits.. 2
Vigneronnage beaujolais... 10
Vinage................ 324
Vin................... 303
Vins américains (qualit. des) 80
Vins de broute ou de presse........... 334-347
Vins (chauffage des)...... 363
» (fabricants de)........ 178
» greffés (qualité des)... 96
» (maladies des)........ 355
» (marchands de)....... 437
» (plâtrage des)........ 321
» soins à leur donner... 351
« (sucrage des)......... 322
« de sucre dits de 2ᵉ cuvée 326
» de tire ou de goutte. 334-347
Vignes américaines (résistance des)....... 78-87-97
Vignes américaines (classification des) 92
Vignes anciennes........ 14
» (arrachage des) 62-218-225
» basses.............. 252
» (ébourgeonnage des).. 242
Vignes françaises non résistantes.............. 79
Vignes hautes........... 252
» (multiplication des).... 270
» (pinçage des)......... 245
» (râtissage des)........ 247
Vignes (rebrochage ou repiquage des)....... 233-242
Vignes (rognage des).... 245
» (sulfatage des).... 244-391

Y

Yorck-Madeira......... 157

31.065. — Imp. WALTENER ET Cⁱᵉ, rue Belle-Cordière, 14. — Lyon.

LE PROGRÈS AGRICOLE
ET VITICOLE
JOURNAL D'AGRICULTURE ET DE VITICULTURE

Dirigé par M. L. DEGRULLY

Professeur à l'École nationale d'Agriculture de Montpellier

Avec la collaboration d'un grand nombre de Professeurs et de Praticiens

Organe de nombreuses Sociétés d'Agriculture et de Viticulture

PARAIT TOUS LES DIMANCHES

ABONNEMENT

Edition de l'Est } 12 fr. par an; 12 fr. 50 recouvré à domicile.
Edition du Midi

———※———

Le **Progrès Agricole et Viticole** s'occupe spécialement de tout ce qui a trait à la culture de la vigne, à sa défense contre le phylloxéra, le mildiou et autres parasites, à la vinification, etc.

La chronique est consacrée aux questions d'actualité.

Au moment où la lutte contre le phylloxéra et la reconstitution de notre vignoble préoccupent tous les esprits, il est utile que les propriétaires soient constamment tenus au courant de tout ce qui concerne la viticulture.

Le **Progrès Agricole et Viticole**, par la compétence de ses rédacteurs, le nombre de ses correspondants, la modicité de son prix, est l'organe tout désigné des Sociétés viticoles et des propriétaires soucieux de leurs intérêts.

On s'abonne en écrivant ou en adressant un mandat-poste à M. le Directeur du **Progrès Agricole et Viticole**, à Villefranche (Rhône), ou à Montpellier (Hérault).

BIBLIOTHÈQUE DU PROGRÈS AGRICOLE & VITICOLE

Manuel pratique des sulfurages, par MM. le docteur GROS et VERMOREL, franco, 1 fr. 65.

Manuel de la viticulture, pour la reconstitution des vignobles méridionaux, par G. FOEX, directeur de l'École de Montpellier ; 3ᵉ édition, prix franco, 4 fr.

Emploi du sulfure de carbone contre le phylloxéra, par G. GASTINE et G. COUANON, 5 fr. ; franco, 5 fr. 50.

Simples notions sur les engrais chimiques, Guide pour l'achat et l'emploi, par V. VERMOREL, 3ᵉ édition, 1 fr. 65.

Cours complet de viticulture, par G. FOEX, franco, 17 fr. 50.

Tableau de la chimie du sol, grand tableau colorié en couleurs indiquant ce qu'enlèvent les diverses récoltes et ce qu'apportent les engrais, 1 fr. ; franco, 1 fr. 25. Sur toile, 3 fr. ; franco en gare, 3 fr. 25.

Le sucrage des vendanges et les vins de seconde cuvée, par MM. ROBIN et VERMOREL, 3ᵉ édition, franco, 1 fr. 65.

Les maladies de la vigne, par P. VIALA, licencié ès sciences, avec gravures, 9 fr. ; franco, 9 fr. 80.

Les Vignes américaines, leur greffage et leur taille, par F. SAHUT, 6 fr. ; franco, 6 fr. 50.

Les Hybrides Bouschet, par P. VIALA, avec gravures coloriées, franco, 7 fr. 50.

Reconstitution des vignobles, par ROUGIER, professeur d'agriculture, franco, 2 fr. 25.

Congrès viticole de Mâcon en 1887, beau volume avec gravures, franco, 7 fr.

Une Mission viticole en Amérique, par P. VIALA, 16 fr.

Tableau du Greffage de la Vigne, par V. VERMOREL, grand tableau mural en couleur, franco, 1 fr. 60.

Application pratique de l'Incision annulaire, par M. le comte de FOLLENAY, franco, 1 fr. 75.

La Viticulture franco-américaine (1869-1889), par Mᵐᵉ la duchesse de FITZ-JAMES, franco, 6 fr. 75.

Manuel pratique de Vinification, par L. ROUGIER, 2 fr. 75.

Résumé pratique des Traitements contre le Mildiou, par V. VERMOREL, 2ᵉ édition, franco, 1 fr. 10.

Culture pratique et productive du Blé, par Louis GAILLE, franco, 2 fr. 25.

Le Greffage pratique de la Vigne, par M. V. VERMOREL, franco, 1 fr. 65.

Tableau de la Vinification, par MM. BATTANCHON et VERMOREL, franco, 1 fr. 10.

Les Engrais de la Vigne, par MM. G. MICHAUT et VERMOREL, franco, 1 fr.

Destruction de la Cochylis, par V. VERMOREL, franco, 1 fr. 6.

Une visite à M. Couderc, note sur ses principaux hybrides, par J. ROY-CHEVRIER, franco, 1 fr. 15.

Pour recevoir ces Ouvrages adresser la demande et le montant en un mandat-poste, à M. le Directeur du PROGRÈS AGRICOLE ET VITICOLE à Villefranche (Rhône) ou à Montpellier (Hérault).

www.ingramcontent.com/pod-product-compliance
Lightning Source LLC
Chambersburg PA
CBHW070529230426
43665CB00014B/1619